ESG
Transformando Projetos

Práticas Sustentáveis para Resultados de Impacto

Meio ambiente | Sociedade | Governança

Fabio Camatari

ISBN: 978-65-00-73421-8

Você pode desenhar, criar e construir o lugar mais lindo do mundo, mas são necessárias pessoas para fazer do sonho uma realidade."

Walt Disney

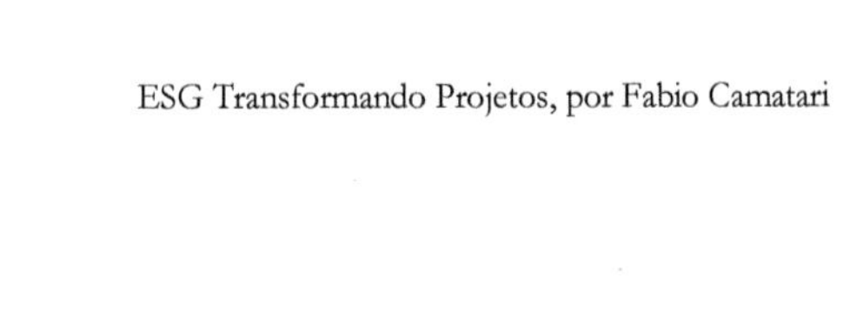

Aos filhos e filhas de todos os leitores deste livro, que estas páginas ajudem a deixar um legado de esperança e um futuro melhor.

Ao meu filho Benjamin e ao seu futuro.

Nota do autor

ESG chegou e já bate à nossa porta!

Este é meu quarto projeto editorial e mais um projeto que continuo afirmando que qualquer projeto é sim feito por pessoas. E acrescento: para pessoas.

As pessoas têm problemas a serem solucionados, as coisas, não. Pessoas têm necessidades e expectativas. Coisas, não. Foco nas pessoas e na resolução de seus problemas farão de seu projeto um verdadeiro legado.

E o ESG chegou batendo à nossa porta, no escritório de projetos. Começamos com o G de Governança (algo sempre presente na gestão de projetos), depois veio o E de *Enviroment* (Meio Ambiente) e finalmente chegou a vez do S de Social e toda sua carga super necessária de Diversidade, Equidade e Inclusão.

Este livro o conduzirá reúne o conteúdo de vários documentos abertos, como a norma P5 e os ODS - Objetivos de Desenvolvimento Sustentável, entre outros artigos e cartilhas que foram consultados ao longo dos últimos 3 anos.

Espero que você aproveite a leitura e me envie seus comentários!

Fabio Camatari
Gerente de Projetos, Professor, Storyteller e Otimista

Apresentação

Este livro tem a pretensão de preencher uma lacuna na literatura ao abordar a interseção entre ESG e Gerenciamento de Projetos. Embora a conscientização sobre a importância da sustentabilidade esteja em ascensão, ainda há uma escassez de recursos abrangentes e práticos que combinem esses dois campos de conhecimento. Nosso objetivo é fornecer uma base sólida e prática para profissionais de gerenciamento de projetos que desejam impulsionar a transformação sustentável em suas organizações.

Ao combinar os princípios ESG com as habilidades e conhecimentos do gerenciamento de projetos, este livro oferece insights valiosos sobre como alinhar objetivos de negócios com metas de sustentabilidade e integrar efetivamente práticas responsáveis em todas as fases do ciclo de vida do projeto. Através de estudos de caso e boas práticas, demonstramos que é possível alcançar resultados positivos tanto para o projeto quanto para a sociedade em geral.

Esperamos que este livro seja uma fonte de inspiração e orientação para todos aqueles que buscam se tornar agentes de mudança, aproveitando o poder do gerenciamento de projetos para enfrentar os desafios da escassez de recursos e promover um futuro mais sustentável. Espero contribuir para um maior entendimento e adoção de práticas sustentáveis e responsáveis no gerenciamento de projetos, impulsionando o progresso em direção a um mundo mais equilibrado e consciente.

A quem se destina este livro?

Este livro se destina a uma ampla gama de profissionais e interessados em ESG e gerenciamento de projetos. Entre os potenciais leitores estão:

Profissionais de Gerenciamento de Projetos: Gerentes de projetos, líderes de equipe e outros profissionais envolvidos no planejamento, execução e monitoramento de projetos, que desejam incorporar práticas sustentáveis e responsáveis em suas abordagens.

Executivos e Gestores Empresariais: CEOs, diretores e gestores de organizações de todos os setores que buscam entender como integrar os princípios ESG em suas estratégias e projetos, impulsionando o crescimento sustentável e a criação de valor para todas as partes interessadas.

Consultores em Sustentabilidade: Profissionais de consultoria e especialistas em sustentabilidade que desejam aprofundar seus conhecimentos sobre como a gestão de projetos pode ser aplicada de forma eficaz para promover práticas responsáveis nas organizações.

Profissionais de Finanças e Investidores: Investidores, analistas financeiros e profissionais do mercado de capitais interessados em compreender a relação entre ESG e gerenciamento de projetos, para tomar decisões de investimento mais informadas e avaliar o desempenho sustentável das empresas.

Estudantes e Acadêmicos: Estudantes universitários e pesquisadores que buscam explorar o campo do ESG e sua relação com o gerenciamento de projetos, tanto como uma área de estudo quanto como uma aplicação prática.

Em suma, este livro tem como objetivo atender a uma audiência diversificada, englobando profissionais de diferentes setores e níveis hierárquicos, bem como estudantes e acadêmicos interessados na interseção entre ESG e gerenciamento de projetos.

Definições e Conceitos sobre Projetos e ESG

"Um projeto é um esforço temporário empreendido para criar um produto, serviço ou resultado único"
"O gerenciamento de projetos é a aplicação de conhecimento, habilidades, ferramentas e técnicas às atividades do projeto a fim de cumprir aos requisitos."

Ambas as afirmações são as definições de projeto segundo o Guia PMBOK® (Project Management Body of Knowledge).

Feito por pessoas: costumo dizer que por mais tecnológico que um projeto possa ser e que seus entregáveis sejam monolíticos, um projeto é sim feito por pessoas. E acrescento: para pessoas. As pessoas têm problemas a serem solucionados, coisas, não. Pessoas têm necessidades e expectativas. As coisas, não. Foco nas pessoas e na resolução de seus problemas farão de seu projeto um verdadeiro legado.

Elaborado progressivamente: você não se senta com um time em uma sala de reuniões e define todo o planejamento do projeto em uma manhã, regada a café e lanchinhos. Isso pode gerar, no máximo, uma visão macro de plano que precisa ser detalhada. Um projeto é movido por iterações – um processo de repetição de uma ou mais ações; é a capacidade de fazer e refazer buscando sempre melhorar.

Sofre restrições: elas estão aqui para nos mostrar os limites, ou seja, qual o orçamento disponível, qual a expectativa de tempo prevista, padrão de qualidade, os recursos disponíveis e outras mais que cada projeto ou organização pode apresentar.
Tem início e fim: todo projeto deve começar e terminar. Se você está envolvido em um projeto e não tem clara a data de término,

"fuja Bino, é uma cilada!". Como o próprio PMBOK descreve, um projeto é um esforço temporário.

Cria um resultado único: o resultado pode ser um produto, serviço, indicador, melhoria de qualidade, entre outras oportunidades e objetivos para se criar um projeto. É importante ressaltar que ele sempre entrega um resultado único, ou seja, algo que antes não existia ali, para aquele grupo de pessoas. Por mais repetitiva que seja a entrega de uma solução técnica, por exemplo, o contexto sempre será diferente.

Responsabilidades de um gerente de projetos

O gerente de projeto experiente adota uma visão sistêmica de seu projeto, observando todos os fatores, internos e externos, ao longo de todo o ciclo de vida do projeto. Os gerentes de projeto são os que dirigem o consumo de recursos em um projeto e os que podem incutir uma mentalidade de ciclo de vida no projeto - desde o início até o descarte final.

O Código de Ética e Conduta Profissional do PMI afirma: "Tomamos decisões e agimos com base no melhor interesse da sociedade, segurança pública e meio ambiente." Esta declaração aspiracional demonstra a importância de equilibrar a sustentabilidade com outras prioridades de gerenciamento de projetos (PMI, sem data).

Habilidades de gerenciamento de projetos

As habilidades necessárias para ser um gerente de projetos bem-sucedido não são mutuamente exclusivas de outras habilidades da organização. Ou seja, as competências desenvolvidas em outras funções serão úteis como gerente de projeto. Da mesma forma, as habilidades desenvolvidas como gerente de projeto podem ser transferidas para outras funções.

Uma comparação eficaz seria as habilidades de gerenciamento de projetos com as de um gerente de equipe. Embora um gerente de projeto normalmente não tenha subordinados diretos, um gerente de equipe tem uma equipe de pessoas que se reportam diretamente a eles. O diagrama de Venn a seguir fornece um contraste entre as funções e onde elas podem se cruzar. Embora não pretenda ser uma comparação padrão, demonstra que as habilidades de cada função são diferentes, mas complementares:

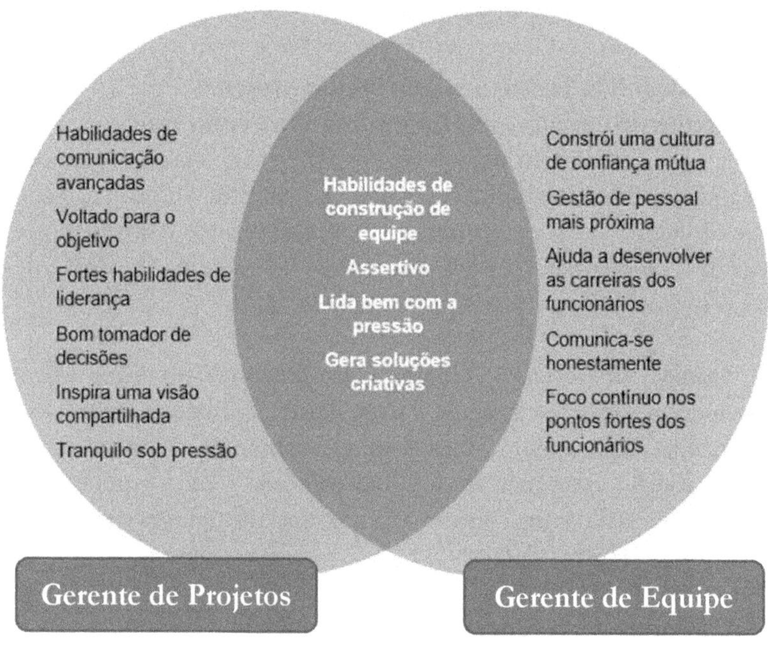

Então, o que ESG tem a ver com a gestão de projetos?

Claramente, é necessário mudar, e os projetos são a forma como implementamos mudanças. Da mesma forma, os projetos geralmente afetam a sustentabilidade tanto direta (ao criar poluição

ou usar recursos de forma indevida) quanto indiretamente (por meio da concepção dos produtos e serviços que fornecem).
O estudo recente da GPM, Insights on Sustainable Project Management, descobriu que, entre os mais de mil executivos pesquisados, 96% acreditam que os projetos e a gestão de projetos são essenciais para o desenvolvimento sustentável. 100% desses mesmos executivos acreditam que os gestores de projetos devem entender a importância da sustentabilidade para seus projetos.
Entre os gestores de projetos, 71% relataram que a Norma P5 melhorou a sustentabilidade em seus projetos. Dos gestores de projeto que usam ativamente a P5 em projetos, 95% foram capazes de perceber maiores benefícios de sustentabilidade.

Definições sobre ESG

ESG é uma sigla em inglês que significa environmental, social and governance, e corresponde às práticas ambientais, sociais e de governança de uma organização. O termo foi cunhado em 2004 em uma publicação do Pacto Global em parceria com o Banco Mundial, chamada Who Cares Wins. Surgiu de uma provocação do secretário-geral da ONU Kofi Annan a 50 CEOs de grandes instituições financeiras, sobre como integrar fatores sociais, ambientais e de governança no mercado de capitais. Na mesma época, a UNEP-FI lançou o relatório Freshfield, que mostrava a importância da integração de fatores ESG para avaliação financeira. Já em 2006, do PRI (Princípios do Investimento Responsável), que hoje possui mais de 3 mil signatários, com ativos sob gestão que ultrapassam USD 100 trilhões – em 2019, o PRI cresceu em torno de 20%.

O entendimento e a aplicabilidade de critérios ESG pelas empresas brasileiras é, cada vez mais, uma realidade. Atuar de acordo com padrões ESG amplia a competitividade do setor empresarial, seja no mercado interno ou no exterior. No mundo atual, no qual as empresas são acompanhadas de perto pelos seus diversos stakeholders, ESG é a indicação de solidez, custos mais baixos, melhor reputação e maior resiliência em meio às incertezas e vulnerabilidades.

Segundo o Climate Change and Sustainability Services, da Ernest Young, as informações ESG são essenciais hoje para a tomada de decisões dos investidores. E os critérios ESG estão totalmente relacionados aos ODS, realidade nas discussões no mercado de capitais. Os 17 Objetivos de Desenvolvimento Sustentável reúnem os grandes desafios e vulnerabilidades da sociedade como um todo. Com isso, apontam os principais itens a serem acompanhados de perto. Além disso, sinalizam as grandes oportunidades ao se relacionarem diretamente com as necessidades.
Existem várias normas e diretrizes amplamente reconhecidas que também abordam a sustentabilidade em projetos, porém não são tema deste livro, mas faremos as devidas referências:

1. ISO 14001: Esta é uma norma internacional para sistemas de gestão ambiental. Embora seja aplicável a qualquer tipo de organização, ela pode ser utilizada para incorporar práticas de sustentabilidade em projetos.
2. LEED (Leadership in Energy and Environmental Design): É um sistema de certificação amplamente utilizado para edifícios sustentáveis. Embora seja mais voltado para a construção e operação de edifícios, muitos projetos de construção adotam seus princípios para promover a sustentabilidade.
3. GRI (Global Reporting Initiative): Trata-se de uma estrutura de relatório que auxilia as organizações a medir e relatar seu desempenho ambiental, social e de governança. Embora não seja especificamente voltada para gestão de projetos, pode ser usada para monitorar e relatar o impacto dos projetos nas áreas de sustentabilidade.

A Agenda 2030 para o Desenvolvimento Sustentável da ONU, embora não seja uma norma em si, estabelece 17 Objetivos de Desenvolvimento Sustentável (ODS) e metas associadas. Os projetos podem ser alinhados com esses ODS para contribuir para um desenvolvimento sustentável mais amplo. Esta sim será parte de nosso escopo por estar alinhada à Norma P5.

Essas são apenas algumas das abordagens e normas existentes que visam incorporar a sustentabilidade em projetos. Para entender melhor a Norma P5 mencionada, sugiro pesquisar em fontes atualizadas ou entrar em contato com organizações e especialistas específicos da área de gestão de projetos e sustentabilidade.

A seguir, o quadro com os 17 Objetivos de Desenvolvimento Sustentável.

6 ÁGUA POTÁVEL E SANEAMENTO
12 CONSUMO E PRODUÇÃO RESPONSÁVEIS

5 IGUALDADE DE GÊNERO

11 CIDADES E COMUNIDADES SUSTENTÁVEIS

17 PARCERIAS E MEIOS DE IMPLEMENTAÇÃO

4 EDUCAÇÃO DE QUALIDADE

10 REDUÇÃO DAS DESIGUALDADES

16 PAZ, JUSTIÇA E INSTITUIÇÕES EFICAZES

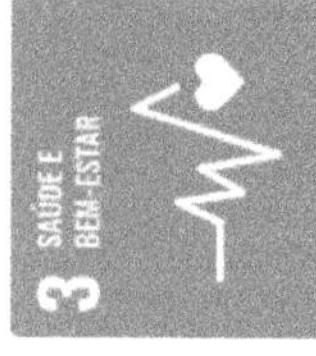
3 SAÚDE E BEM-ESTAR

9 INDÚSTRIA, INOVAÇÃO E INFRAESTRUTURA

15 VIDA TERRESTRE

2 FOME ZERO E AGRICULTURA SUSTENTÁVEL

8 TRABALHO DECENTE E CRESCIMENTO ECONÔMICO

14 VIDA NA ÁGUA

1 ERRADICAÇÃO DA POBREZA

7 ENERGIA LIMPA E ACESSÍVEL

13 AÇÃO CONTRA A MUDANÇA GLOBAL DO CLIMA

Incorporando ESG nas práticas de gestão de projetos

Gestão de Recursos Humanos

Treinamento Adequado e Fiscalização das Condições de Trabalho

À medida que os gerentes de projeto melhoram as competências, a interação da equipe e o ambiente geral da equipe para melhorar o desempenho do projeto, eles também precisam olhar para o quadro mais amplo - olhar além das barreiras artificiais do próprio projeto e avaliar as implicações dos recursos humanos na comunidade mais ampla e ao longo do ciclo de vida do produto que o projeto está criando.

Os elementos de recursos humanos já tendem a receber pouca atenção dos gerentes de projeto, em parte porque a maioria das equipes de projeto está em um ambiente matricial, onde os membros da equipe não se reportam diretamente ao gerente de projeto. Portanto, o gerente de projeto aborda principalmente o gerenciamento de recursos humanos por meio da formação de equipes, reconhecimento e recompensas e, ocasionalmente, desenvolvimento profissional dos membros da equipe.

No entanto, um foco sustentável de longo prazo exige que o gerente de projeto aborde estes elementos para os membros da equipe do projeto:

- Equilíbrio entre vida pessoal e profissional, treinamento, políticas de administração de pessoal, reuniões e viagens.
- Equidade, qualidade e valorização do ambiente de trabalho, educação, ética, desenvolvimento de competências e inclusão social.

- Renda suficiente para os integrantes da equipe sustentarem economicamente a si mesmos e suas famílias, serviços familiares, saúde e segurança, direitos trabalhistas, respeito, transparência e honestidade.

Isso é muita coisa para um gerente de projeto, e muito disso está fora do controle direto do gerente de projeto, mas não fora de sua influência. Ao estar ciente dessas questões, ele ou ela pode levantá-las diretamente para a gerência de linha ou abordá-las como puder dentro dos limites do projeto.

No entanto, sua responsabilidade não para por aí. Há também questões de gestão de recursos humanos para a comunidade mais ampla de partes interessadas. A organização não pode alegar ter um foco em sustentabilidade se os vendedores e fornecedores não seguirem os mesmos princípios no desenvolvimento de matérias-primas que a organização de compras segue.

Gestão de Aquisições:
Sustentabilidade Através da Cadeia de Valor Através da Gestão de Contratos e Fornecedores

O gerenciamento de aquisições do projeto inclui os processos de gerenciamento de contratos e controle de mudanças necessários para desenvolver e administrar contratos ou pedidos de compra emitidos por membros autorizados da equipe do projeto (PMI, 2008, p. 343).

Os gerentes de projeto são incentivados a avaliar o seguinte ao planejar as atividades de aquisição:

- Condições de mercado;
- Produtos, serviços e resultados disponíveis no mercado;

- Fornecedores, incluindo desempenho ou reputação passados;
- Termos e condições típicos para produtos, serviços e resultados ou para o setor específico; e
- Requisitos locais exclusivos. (PMI, 2008, p. 350)

No entanto, a avaliação não para por aí. Em 2009, a divisão de marcas domésticas do Walmart testou sete produtos existentes, pedindo aos fornecedores que avaliassem esses produtos em quatro dimensões de sustentabilidade: uso de recursos, incluindo não renováveis; impacto nas mudanças climáticas; impacto nos ecossistemas em toda a cadeia de abastecimento do produto; e impacto na saúde humana (Goleman, 2009). Esse piloto já foi estendido para mais de 100.000 fornecedores globais, como um passo fundamental para aumentar a transparência na cadeia de suprimentos. O objetivo é eventualmente oferecer esses dados aos clientes para auxiliar na decisão de compra.

Os gerentes de projeto são avisados de que a complexidade e o nível de detalhamento dos documentos de aquisição devem ser consistentes com o valor e os riscos associados à aquisição planejada (PMI, 2008, p. 357). Os gerentes de projeto estão acostumados a fatorar o risco nos documentos de aquisição e usar esses documentos para transferir o risco para o fornecedor ou, de outra forma, gerenciar o risco. No entanto, esses riscos têm sido tradicionalmente limitados aos riscos do próprio projeto e suas restrições de cronograma, custo e escopo. Se uma organização está se movendo em direção a uma visão sustentável e de longo prazo de seus negócios, faz sentido que esses valores também sejam refletidos nos contratos de aquisição, em áreas como suborno, trabalho infantil e fatores semelhantes que podem representar risco para a empresa como um todo.

Operacionalmente, as organizações tendem a olhar para a redução de desperdício como uma atividade solitária. No entanto, é somente quando ela está integrada à organização e ao longo do gerenciamento de projetos que a organização começa a olhar para toda a cadeia de suprimentos e valor – para reduzir a quantidade comprada para reduzir a quantidade desperdiçada.

- As avaliações de fornecedores incluem critérios de sustentabilidade?
- As obrigações e compromissos relativos à sustentabilidade estão codificados em contratos?
- Quão transparente é toda a cadeia de abastecimento, em termos de prioridades de sustentabilidade?

Gestão de Riscos:
Incorporando Reputação e Riscos Sociais ao Planejamento de Riscos e Estratégias de Mitigação

Conforme definido tradicionalmente, o risco é um evento ou condição incerta que, se ocorrer, afetará pelo menos um objetivo do projeto: escopo, cronograma, custo ou qualidade. (PMI, 2008, p. 305) No entanto, se olharmos não apenas a implementação do projeto, mas também seu efeito ao longo de todo o seu ciclo de vida na comunidade e na organização em geral, é claro que devemos examinar o risco mais amplamente.

Os riscos decorrentes de problemas ambientais ou descontentamento social em torno de um projeto podem ser extremamente custosos em termos de atrasos e paralisações, publicidade negativa, ameaças à licença de operação e gastos imprevistos significativos. Ao mesmo tempo, os danos à reputação de uma empresa podem exceder em muito os impactos de custos imediatos de um único projeto.

Da mesma forma que outras categorias de gerenciamento de risco não podem ser prescritivas em todos os setores, os riscos de sustentabilidade podem variar significativamente. Diferentes assuntos centrais e questões se aplicam a diferentes projetos e indústrias. Por exemplo, as indústrias extrativas podem ter mais riscos ambientais, enquanto as empresas têxteis têm mais riscos em termos de sustentabilidade social. Para avaliar o que está em jogo, as empresas devem examinar toda a cadeia de valor, observando, por exemplo, a forma como obtêm matérias-primas e fabricam e vendem seus produtos.

Em termos de abordagem do risco de sustentabilidade, as empresas passam dos pontos cegos para a conscientização, para a conformidade e para a transparência (Werbach, 2009, p. 94). Muitas empresas estão satisfeitas apenas em cumprir as leis ou regulamentos, mas obrigar as pessoas a cumprir as regras é o nível mais baixo de engajamento. A conformidade implica que uma empresa está atendendo aos padrões básicos, não elevando o padrão para os concorrentes e certamente não melhorando a vida das partes interessadas. Há uma enorme diferença entre evitar o mal e dirigir-se para o bem.

Cada vez mais, as fontes de valor de longo prazo de uma empresa são afetadas por uma onda crescente de expectativas entre as partes interessadas sobre o papel social dos negócios. O público, compreensivelmente, tem o direito de esperar que as empresas desempenhem suas funções com honra dentro da estrutura social e desempenhem um papel consciencioso que as recomende à confiança pública. Além disso, em uma economia onde 70% a 80% do valor de mercado vem de ativos intangíveis difíceis de avaliar, como valor da marca, capital intelectual e boa vontade, as organizações são especialmente vulneráveis a qualquer coisa que prejudique sua reputação. A empresa que não investiu na construção de uma reputação positiva por meio da sustentabilidade está suscetível a ser prejudicada quando surgem histórias negativas, pois não há uma correlação positiva na mente do consumidor para equilibrar os impactos negativos das más notícias.

O desafio é encontrar uma maneira de as empresas incorporarem a consciência das questões sociopolíticas de forma mais sistemática em seus principais processos estratégicos de tomada de decisões. As empresas devem ver as dimensões social e política não apenas como riscos – áreas para limitação de danos – mas também como oportunidades. Eles devem examinar o horizonte em busca de tendências emergentes e integrar suas respostas em toda a organização, de modo que as iniciativas resultantes sejam coerentes e não fragmentadas (Bonini, 2006). Dessa forma, o processo de gerenciamento de riscos informa o gerenciamento de portfólio e o plano estratégico geral.

Gestão da Comunicação:
Responsabilidades de Sustentabilidade

O gerenciamento das comunicações do projeto inclui os processos necessários para garantir a geração, coleta, distribuição, armazenamento, recuperação e disposição final das informações do projeto de forma oportuna e apropriada. Os gerentes de projeto passam a maior parte do tempo se comunicando com os membros da equipe e outras partes interessadas do projeto. A comunicação eficaz cria uma ponte entre as diversas partes interessadas envolvidas em um projeto, conectando várias origens culturais e organizacionais, diferentes níveis de especialização e várias perspectivas e interesses na execução ou resultado do projeto (PMI, 2008, p. 273).

As comunicações, abrangendo relatórios do projeto, apresentações, registros e lições aprendidas, garantirão que as partes interessadas do projeto sejam informadas sobre os aspectos de sustentabilidade do projeto.

A gestão das partes interessadas inclui:

- Gerenciar ativamente as expectativas das partes interessadas para aumentar a probabilidade de aceitação do projeto, negociando e influenciando seus desejos de atingir e manter as metas do projeto.
- Abordar preocupações que ainda não se tornaram problemas, geralmente relacionadas à antecipação de problemas futuros. Essas preocupações precisam ser descobertas e discutidas, e os riscos precisam ser avaliados
- Esclarecer e resolver problemas identificados. A resolução pode resultar em uma solicitação de mudança ou pode ser tratada fora do projeto, por exemplo, adiada para outro projeto ou fase ou adiada para outra entidade organizacional. (PMI, 2008, p. 291)

Os gerentes de projeto devem considerar o seguinte:

- Como o projeto deve se comunicar com as partes interessadas - grupos ativistas, organizações não governamentais (ONGs), agências governamentais ou membros da comunidade que desejam saber sobre o projeto e seus impactos?
- Como as informações serão recebidas e processadas dessas partes interessadas?
- Como podemos garantir o engajamento no nível apropriado?

Ambiente - Por que Sustentabilidade?

A humanidade tem sido enganada por modelos econômicos que desvalorizam nossos recursos naturais. Por modelos econômicos que colocam em risco nossa capacidade de sobreviver como espécie. Para modelos econômicos que consideram o lucro como o único indicador de sucesso empresarial.

Em vez desses modelos, os líderes empresariais em todo o mundo estão respondendo cada vez mais às demandas de investidores, funcionários e consumidores para usar modelos que recompensem produtos e serviços de baixo carbono e ambientalmente sustentáveis.

A força motriz por trás dessas demandas é a preocupação com a viabilidade a longo prazo da vida como a conhecemos diante das mudanças climáticas induzidas pelo homem. A pesquisa deixou claro que a sexta extinção em massa - e a primeira desde a Extinção Ordoviciano-Siluriana, aproximadamente 439 milhões de anos atrás, onde 86% da vida na Terra desapareceu – está sobre nós. De acordo com os procedimentos da Academia Nacional de Ciências (PNAS, 2015) dos Estados Unidos, quase metade das 177 espécies de mamíferos estudadas perderam mais de 80% de sua distribuição entre 1900 e 2015. Os impactos, os fatores ecológicos, sociais e econômicos associados à perda de biodiversidade dessa magnitude são desconhecidos.

A sustentabilidade também é necessária para resolver outros desafios globais, como pobreza extrema, desigualdade e falta de acesso à educação de qualidade. A inovação e a oportunidade devem ser trazidas à tona para definir o tom de uma economia global ágil, progressiva e produtiva.

No início de agosto de cada ano (em breve será no final de julho), nós, humanos, teremos consumido o que o planeta pode regenerar. Entre janeiro e julho, é emitido mais carbono do que as florestas e os oceanos podem absorver ao longo do ano. Estamos pescando demais, extraindo demais e consumindo água potável em excesso.

No total, consumimos os recursos naturais de 1,7 terras por ano.

O Dia da Sobrecarga da Terra, o dia em que atingimos nosso limite de consumo, está se aproximando de janeiro a cada ano. Foi calculado pela primeira vez em 1986 que caiu em novembro. Em 1993, foi transferido para outubro e em 2017 foi 2 de agosto. Alguns países ultrapassam seu limite de consumo muito mais cedo. O Reino Unido, por exemplo, atinge seu limite de consumo no início de maio. O único país que não ultrapassa seus limites é Honduras.
Uma das razões para o excesso de consumo é o aumento da população mundial. De acordo com o Fundo de População das Nações Unidas, existem mais de 7 bilhões de pessoas no mundo, duas vezes mais do que havia em 1970 e quatro vezes mais em 1910. Em termos de ganho líquido, adicionamos 200.000 pessoas ao planeta todos os dias e, de acordo com as projeções, estamos caminhando para mais de 9 bilhões, o que é insustentável.
O consumo excessivo impactou nossos oceanos ao aumentar a acidificação em mais de 30% desde o início da revolução industrial, de acordo com a Agência Nacional Oceânica e Atmosférica dos EUA. O aumento dos níveis de acidificação causou o branqueamento da Grande Barreira de Corais em 2016 e 2017, a primeira vez que isso ocorreu em anos consecutivos. Leva dez anos para os corais mais rápidos se recuperarem e os eventos de branqueamento

Social

Conversando com 30 lideranças de empresas para um projeto recente, identificamos que o principal desafio das empresas no âmbito social do ESG é justamente o relacionamento com a comunidade ao redor da empresa, antes mesmo da promoção da diversidade.

Licença social para operar: Cunhado há 25 anos, o termo "licença social para operar" significa a empresa ter a aprovação da comunidade. Diferentemente da licença ambiental, essa licença social não é formalizada ou calculada, mas é igualmente importante. A empresa deve conhecer as demandas, expectativas e necessidades daquela comunidade e planejar sua operação de forma que seja vantajosa para o seu entorno, agindo em prol da população e do desenvolvimento local.

Antes de tudo, é preciso entender que os atores locais e movimentos de base já promovem o desenvolvimento social e econômico dos seus territórios e entendem melhor do que ninguém as soluções que precisam ser implementadas.

Por isso, as empresas devem se despir tanto de uma visão colonizadora de que a atuação delas no território fará toda a diferença, quanto de uma visão de que fazer o mínimo já é suficiente para ter uma boa relação com os moradores.

Para promoção do desenvolvimento dos territórios em que atua, é importante a colaboração e articulação das empresas com organizações e lideranças locais, bem como com o governo.

Segundo a Agenda de Compromissos Empresariais pelo Desenvolvimento Territorial Sustentável, do Instituto Ethos, são necessárias desde ações ambientais, como uso de matriz energética limpa, redução das emissões e de resíduos, gestão do uso e preservação das águas e da terra, quanto as sociais, de geração de trabalho decente, redução das desigualdades, fortalecimento da economia local, melhoria da qualidade de vida, saúde pública e promoção de oportunidades de educação.

Governança

Governança é o estabelecimento de regras e práticas pelas quais a administração garante a prestação de contas, imparcialidade, agilidade e transparência nas relações da organização com seus stakeholders. A governança pode ser sutil e pode não ser facilmente observável. Governança diz respeito à cultura e ao ambiente em que a organização e seus stakeholders interagem. A governança inclui:

- Acordos explícitos entre a organização e seus stakeholders para a distribuição de responsabilidades, direitos e recompensas.
- Acordos explícitos entre a organização e seus stakeholders sobre quem está envolvido nas atividades e decisões e em que medida.
- Procedimentos para conciliar os interesses por vezes conflitantes das partes interessadas de acordo com seus deveres, privilégios e funções.
- Procedimentos de supervisão, controle e fluxos de informação adequados que funcionam como um sistema de freios e contrapesos.

A boa governança refere-se às regras e práticas para tomar e implementar decisões. Não se trata tanto de tomar as decisões certas, mas de definir e seguir o melhor processo possível para tomar essas decisões.

Um bom processo de tomada de decisão e, portanto, boa governança, terá um efeito positivo em muitos aspectos da organização, incluindo políticas e práticas de engajamento de stakeholders, procedimentos de reunião, protocolos de qualidade de serviço, conduta dos funcionários, definição de papéis e boas relações de trabalho.

Um bom processo de tomada de decisão também ajudará a garantir que a organização aja com prudência, legalidade e ética.
A governança eficaz incentiva as organizações a criar valor por meio da inovação, desenvolvimento e exploração, e fornecer sistemas de responsabilidade e controle de acordo com os riscos envolvidos. Existem muitas abordagens eficazes para a boa governança.

O que são ODS?

Projetados para ação global: Entre 2000 e 2015, os Objetivos de Desenvolvimento do Milênio (ODMs) forneceram uma importante estrutura para o desenvolvimento e obtiveram sucesso em diversas áreas, tais como a redução da pobreza e a melhoria da saúde e da educação nos países em desenvolvimento.

Os ODS sucederam aos ODMs, expandindo os desafios que deverão ser direcionados na erradicação da pobreza e incorporando uma ampla variedade de tópicos inter-relacionados ao redor das dimensões econômica, social e ambiental do desenvolvimento sustentável.

O surgimento dos ODS é indiscutivelmente o processo mais inclusivo da história das Nações Unidas, refletindo dados substantivos de todos os setores da sociedade e de todas as partes do mundo. Somente no Pacto Global das Nações Unidas, mais de 1.500 empresas forneceram subsídios e orientações.

Os objetivos são universalmente aplicáveis em países em desenvolvimento e em nações desenvolvidas.

Espera-se que os governos os traduzam em planos de ação nacionais, políticas e iniciativas, refletindo as diferentes realidades e capacidades que os seus países possuem.

Mesmo direcionados primariamente a governos, os ODS são projetados para reunir uma ampla escala de organizações e moldar as prioridades e aspirações para os esforços de desenvolvimento sustentável em torno de uma estrutura comum. Mais importante, os ODS reconhecem o papel principal que os negócios podem e devem ter no alcance das metas.

Abordagem dos Impactos P5 - Produto, Processo, Pessoas, Planeta e Prosperidade

Impactos do Produto e do Processo

O principal objetivo da P5 é identificar os possíveis impactos para a sustentabilidade, tanto positivos quanto negativos, que possam ser analisados e apresentados à gerência para respaldar decisões informadas e a alocação eficaz de recursos.

A tabela abaixo resume a ontologia P5. Uma ontologia é um conjunto de conceitos e categorias em uma área de assunto que mostra suas propriedades e os relacionamentos entre elas. Uma ontologia ajuda a gerenciar a complexidade ao organizar as informações disponíveis de forma coerente. As Seções 2 a 5 fornecem orientação sobre o que a equipe do projeto deve fazer para respaldar cada elemento, bem como sobre quais resultados sustentáveis a equipe pode ser capaz de alcançar.

O nível superior da tabela representa a Triple Bottom Line de Pessoas, Planeta e Prosperidade, incluindo a consideração dos impactos do Produto e dos Processos. Assim, P5 significa Produto, Processo, Pessoas, Planeta e Prosperidade.

P R O JETO										
Impactos do Produto						Impactos (da Gestão de Projeto) do Processo				
Vida útil do produto			Manutenção do Produto			Efetividade dos Processos de Projetos		Eficiência dos Processos de Projetos		Equidade dos Processos de Projetos
Impactos (Sociais) sobre as Pessoas				Impactos (Ambientais) sobre o Planeta				Impactos (Econômicos) sobre a Prosperidade		
Práticas Trabalhistas e Trabalho Decente	Sociedade e Clientes	Direitos Humanos	Comportamento Ético	Transporte	Energia	Terra, Ar e Água	Consumo	Análise de Plano de Negócios	Agilidade de Negócio	Estimulação Econômica
Emprego e Recrutamento	Apoio Comunitário	Não Discriminação	Práticas de Aprovisionamento	Aprovisionamento Local	Consumo de energia	Diversidade Biológica	Reciclagem e Reeuso	Modelagem e Simulação	Flexibilidade / Opcionalidade	Impacto Econômico Local
Relações Trabalhistas / Gerenciais	Cumprimento de Políticas Públicas	Trabalho Adequado à Idade	Anticorrupção	Comunicação Digital	Emissão de CO2	Qualidade da Água e do Ar	Descarte	Valor Presente	Flexibilidade de Negócios	Benefícios Indiretos
Saúde e Segurança do Projeto	Proteção aos Povos Indígenas e Tribais	Trabalho Voluntário	Concorrência Leal	Viagem e Deslocamento	Retorno da Energia Limpa	Consumo de Água	Contaminação e Poluição	Benefícios Financeiros Diretos		
Treinamento e Educação	Saúde e Segurança do Cliente			Logística	Energia renovável	Deslocamento de Águas Sujas	Geração de resíduos	Retorno sobre o Investimento		
Aprendizado Organizacional	Rotulagem de Produtos e Serviços							Relação Benefício - Custo		
Diversidade e Igualdade de Oportunidades	Comunicação de Mercado e Publicidade							Taxa Interna de Retorno		
Desenvolvimento de Competências Locais	Privacidade do Cliente									

A maioria das pessoas associa os projetos ao estágio de introdução, mas, na verdade, a maioria dos produtos terá o suporte de vários projetos durante o ciclo de vida de seu produto.
Por exemplo:

- Um hotel pode ter muitos projetos
- de manutenção e atualização durante sua vida útil.
- Um veículo de passageiros geralmente é atualizado anualmente com novos recursos; cada nova versão é criada por meio de um ou mais projetos.
- O software de computadores é atualizado regularmente com correções de bugs e novos recursos; cada versão conta geralmente com o suporte de um ou mais projetos.

Assegurar padrões de produção e de consumo sustentáveis
A sustentabilidade aprimorada ao longo da vida útil do produto ajuda a alcançar os seguintes
resultados sustentáveis do projeto:

- Maior diferenciação de mercado e proteção da marca.
- Diminuição do impacto ambiental do projeto.
- Redução de custos de descarte.
- Risco reduzido e maior valor e benefícios ao longo da vida útil do produto

A manutenção aprimorada do produto ajuda a alcançar os seguintes resultados sustentáveis
do projeto:

- Maior diferenciação de mercado e proteção da marca.
- Diminuição do impacto ambiental do projeto.

Impactos (Sociais) sobre as Pessoas
A categoria de pessoas (social) de sustentabilidade diz respeito aos impactos que as atividades e os resultados de um projeto podem ter

sobre os indivíduos, a sociedade e as comunidades. O foco da categoria de pessoas é atuar com ética e manter relacionamentos mutuamente benéficos com funcionários, clientes, fornecedores, cadeias de suprimentos e a comunidade em geral.
A categoria de pessoas contém as seguintes subcategorias:

- Práticas trabalhistas e trabalho decente
- Sociedade e clientes
- Direitos humanos
- Comportamento ético

Assegurar uma vida saudável e promover o bem-estar para todos, em todas as idades. Um local de trabalho seguro e saudável para a equipe do projeto, o que, por sua vez, resulta em uma equipe mais engajada e comprometida. Tempo mínimo perdido e custos mínimos com doenças e lesões no local de trabalho.
A melhoria da saúde e segurança do projeto ajuda a alcançar os seguintes resultados sustentáveis do projeto:

- Um local de trabalho seguro e saudável para a equipe do projeto, o que, por sua vez,
- resulta em uma equipe mais engajada e comprometida.
- Tempo mínimo perdido e custos mínimos com doenças e lesões no local de trabalho.
- Prevenção de multas e penalidades por violações de leis e regulamentos de saúde e
- segurança.

Assegurar a educação inclusiva e equitativa de qualidade, e promover oportunidades de aprendizagem ao longo da vida para todos. A equipe do projeto deve:

- Identificar as habilidades necessárias para o projeto.
- Identificar lacunas de habilidades e necessidades de desenvolvimento dos membros da

- equipe do projeto.
- Apoiar e incentivar os membros da equipe do projeto a realizar treinamento e desenvolvimento.
- Treinar e orientar os membros da equipe do projeto a desenvolver competência.

O desenvolvimento de competências locais ajuda a alcançar os seguintes resultados sustentáveis do projeto:

- Suporte local para o projeto e o produto.
- Suporte local para projetos futuros.
- Crescimento da economia local.

- Alcançar a igualdade de gênero e empoderar todas as mulheres e meninas

O apoio à não discriminação ajuda a alcançar os seguintes resultados sustentáveis do projeto:

- Custos reduzidos com a redução do absenteísmo, o aumento da produtividade e o estímulo a uma equipe mais motivada e comprometida.
- Maiores benefícios com o aproveitamento ao máximo de perspectivas e percepções adicionais.
- Melhor reputação da organização patrocinadora.
- Promover o crescimento econômico sustentado, inclusivo e sustentável, emprego pleno e produtivo e trabalho decente para todos.

A equipe do projeto deve promover as melhores práticas trabalhista e de trabalho decente, com ações focadas no emprego e recrutamento, como salários dignos e equalitários, condições de emprego adequadas (cuidados com saúde, férias adequadas, equilíbrio entre vida profissional e familiar, por exemplo).

Reduzir a desigualdade dentro dos países e entre eles. Maior capacidade de atrair pessoal bem qualificado. Uma força de trabalho engajada e motivada que está comprometida com o sucesso pessoal e organizacional. Este elemento abrange as políticas, os procedimentos e as práticas necessárias para garantir que o pessoal do projeto não sofra discriminação por qualquer motivo.
A equipe do projeto deve:

- Oferecer oportunidades iguais para todos com base na habilidade.
- Mostrar tolerância zero para preconceitos com base na idade, no sexo, na etnia e em outros aspectos da diversidade.
- Aproveitar ao máximo as habilidades e a experiência dos membros da equipe do projeto na resolução de problemas.

O apoio à diversidade e igualdade de oportunidades ajuda a alcançar os seguintes resultados sustentáveis do projeto:

- Custos de recrutamento reduzidos por ser conhecido como um empregador preferido.
- Criação de soluções inovadoras para problemas devido ao background diversificado dos membros da equipe do projeto.

O cumprimento de políticas públicas ajuda a alcançar os seguintes resultados sustentáveis do projeto:

- Maior transparência e prestação de contas.
- Proteção da reputação e marca da organização patrocinadora.
- Maior apoio comunitário.
- Menor risco.

Tornar as cidades e os assentamentos humanos inclusivos, seguros, resilientes e sustentáveis. O apoio comunitário ajuda a alcançar os seguintes resultados sustentáveis do projeto:

- Aceitação do resultado do projeto e melhoria na realização dos benefícios.
- Uma relação melhorada entre a organização patrocinadora e a comunidade.

A proteção aos povos indígenas e tribais ajuda a alcançar os seguintes resultados sustentáveis do projeto:

- Garantir a existência de longo prazo de terras, culturas, religiões e modos de vida indígenas e tribais.
- Maior confiança de funcionários em potencial.
- Melhor reputação da organização patrocinadora.

Promover sociedades pacíficas e inclusivas para o desenvolvimento sustentável, proporcionar o acesso à justiça para todos e construir instituições eficazes, responsáveis e inclusivas em todos os níveis. A equipe do projeto deve:

- Oferecer apoio para a Convenção sobre a Idade Mínima da OIT.
- Certificar-se de que todos os trabalhadores tenham ou excedam a idade mínima exigida por lei.
- Evitar que as crianças sejam colocadas em situações que possam prejudicar sua saúde ou bem-estar geral.
- Proteger os direitos humanos, incluindo o direito à educação, de todas as crianças trabalhadoras.
- Exigir dos fornecedores e de suas cadeias de suprimentos o mesmo.

A eliminação do suborno e da corrupção ajuda a alcançar os seguintes resultados sustentáveis do projeto:

- Reforço da presença no mercado e da reputação da marca.
- Riscos reduzidos de processos judiciais.
- Custos de recrutamento reduzidos e taxas mais altas de retenção de funcionários.

Fortalecer os meios de implementação e revitalizar a parceria global para o desenvolvimento sustentável. Este elemento abrange as políticas, os procedimentos e as práticas necessárias para garantir que informações verdadeiras e precisas sobre as atividades e resultados do projeto sejam compartilhadas com os indivíduos e organizações afetados.
A equipe do projeto deve:

- Divulgar o apoio do projeto à sustentabilidade.
- Evitar fazer alegações irracionais, enganosas ou falsas sobre as atividades ou resultados do projeto.
- Corrigir qualquer informação incorreta o mais rápido possível.

Melhores comunicações de mercado e publicidade ajudam a alcançar os seguintes resultados sustentáveis do projeto:

- Maior fidelidade do cliente.
- Maior apoio comunitário.
- Maior valor de mercado e para o acionista.
- Melhor reputação da organização patrocinadora.

Impactos (Ambientais) sobre o Planeta
A categoria (ambiental) do planeta de sustentabilidade diz respeito aos impactos que as atividades e os resultados de um projeto podem ter nos sistemas naturais vivos e não vivos.
Esses sistemas incluem a terra, o ar e a água, bem como a flora, a fauna e as pessoas que neles vivem. O foco da categoria do planeta está na preservação, restauração e melhoria desses sistemas naturais.

A categoria (ambiental) do planeta contém as seguintes subcategorias:

- Transporte
- Energia
- Terra, Ar e Água
- Consumo

Assegurar a disponibilidade e gestão sustentável da água e saneamento para todos. O aumento da conscientização sobre a qualidade da água e do ar ajuda a alcançar os seguintes resultados sustentáveis do projeto:

- Preservação de corpos d'água locais, como lagos, lagoas, rios e riachos.
- Preservação dos ecossistemas locais e dos lençóis freáticos que os sustentam.
- Prevenção de doenças relacionadas com a água.
- Melhor qualidade do ar.

A redução do consumo de água ajuda a alcançar os seguintes resultados sustentáveis do projeto:

- Custos de projeto reduzidos para uso e tratamento de água.
- Diminuição dos danos ambientais do projeto.

A gestão aprimorada do deslocamento de águas sanitárias ajuda a alcançar os seguintes resultados sustentáveis do projeto:

- Prevenção de doenças relacionadas à água e infestações de insetos.

Assegurar o acesso à energia confiável, sustentável, moderna e barata para todos. A redução das emissões de CO2 ajuda a alcançar os seguintes resultados sustentáveis do projeto:

- Melhor qualidade do ar.
- Melhoria da saúde e do bem-estar dos membros da equipe do projeto, da comunidade local e de outras partes interessadas.
- Emissões reduzidas tanto durante o projeto quanto ao longo da vida útil do produto.

O retorno de energia limpa ajuda a alcançar os seguintes resultados sustentáveis do projeto:

- Energia retornada à rede elétrica.
- Fontes secundárias de energia fornecidas à comunidade local.
- Redução do estresse na rede elétrica.

O uso de energia renovável ajuda a alcançar os seguintes resultados sustentáveis do projeto:

- Melhor reputação da marca.
- Risco reduzido de flutuações de preços de energia e escassez de fornecimento.
- Impacto reduzido nas causas das mudanças climáticas.

Construir infraestruturas resilientes, promover a industrialização inclusiva e sustentável e fomentar a inovação. A comunicação digital ajuda a alcançar os seguintes resultados sustentáveis do projeto:

- Economia de tempo e custo com viagens reduzidas.
- A capacidade de contratar as melhores pessoas para o trabalho, independentemente de sua localização.
- Redução do estresse em viagens de longa distância e longos períodos fora de casa.
- Redução nas emissões de CO_2 do transporte.

Assegurar padrões de produção e de consumo sustentáveis. A equipe do projeto deve:

- Procurar ativamente por fornecedores locais.
- Dar preferência a fornecedores locais sempre que possível.

O aprovisionamento local ajuda a alcançar os seguintes resultados sustentáveis do projeto:

- Apoio ao crescimento da economia local.
- Emissões reduzidas de CO2 no transporte.

A reciclagem e a reutilização responsáveis ajudam a alcançar os seguintes resultados sustentáveis do projeto:

- Impacto reduzido sobre os recursos naturais, diminuindo a necessidade de obter matérias-primas.
- Reforço da reputação da marca, promovendo o uso de suprimentos e materiais de origem responsável.
- Custos de descarte reduzidos, minimizando o desperdício.

O descarte responsável ajuda a alcançar os seguintes resultados sustentáveis do projeto:

- Fluxos de receita novos ou adicionais através do uso de recursos desnecessários por terceiros em apoio a uma economia circular.
- Prevenção de doenças por contaminação.
- Contaminação mínima de ecossistemas.

Limitar a geração de resíduos ajuda a alcançar os seguintes resultados sustentáveis do projeto:

- Custos de projeto reduzidos.
- Impacto reduzido no meio ambiente.

- Custos de descarte reduzidos para substâncias indesejáveis, tóxicas ou perigosas.

Tomar medidas urgentes para combater a mudança climática e seus impactos. Uma melhor logística ajuda a alcançar os seguintes resultados sustentáveis do projeto:

- Custos de transporte reduzidos.
- Redução de resíduos.
- Redução dos prazos de entrega de componentes e produtos essenciais.
- Redução ou eliminação de embalagens não recicláveis.

Conservação e uso sustentável dos oceanos, dos mares e dos recursos marinhos para o desenvolvimento sustentável. A proteção da diversidade biológica ajuda a alcançar os seguintes resultados sustentáveis do projeto:

- Ecossistemas saudáveis que protegem alimentos, fibras, medicamentos e outros recursos potenciais.
- Acesso futuro à terra e a outros recursos naturais.
- Melhor reputação entre os reguladores e nas comunidades locais que dependem da biodiversidade nas áreas afetadas pelo projeto.
- Disponibilidade contínua de serviços ecossistêmicos, como regulação atmosférica, ciclagem de nutrientes e polinização.

Proteger, recuperar e promover o uso sustentável dos ecossistemas terrestres, gerir de forma sustentável as florestas, combater a desertificação, deter e reverter a degradação da terra e deter a perda de biodiversidade

Impactos (Econômicos) sobre a Prosperidade

Os projetos têm o poder de tornar o mundo melhor, mas é preciso planejamento estratégico para realmente fazer a diferença. As empresas não podem simplesmente dizer que estão indo bem. Eles precisam da prova para apoiá-lo. E não é algo agradável de se ter. É uma questão de sobrevivência do negócio. Um simples projeto pode ter vários impactos "secundários" em sua implementação:

- Criando novos empregos.
- Melhorando o acesso à internet.
- Avançando a inclusão.
- Construindo infraestrutura essencial.
- Impulsionando a saúde pública.

Os jovens, em particular, adotaram a causa, com cerca de 3 em cada 4 *millennials* e a geração Z dizendo que planejam agir para impactar positivamente suas comunidades, de acordo com uma pesquisa da Deloitte de 2020. E isso está levando a seu trabalho.
positiva em ação positiva requer uma forte colaboração. E começa com a escuta. De acordo com dados da Pulse, 69% das organizações que medem o impacto social o fazem em parte por meio de reuniões com as partes interessadas.

Esse tipo de envolvimento com as pessoas pode revelar oportunidades para oferecer benefícios mais amplos em muitas frentes – às vezes com apenas um projeto. Uma empresa que lança um grande projeto de infraestrutura, por exemplo, pode optar por investir em um programa de treinamento como forma de agregar valor aos stakeholders locais e obter seu apoio. Mas os líderes de projeto e suas equipes não devem fazer suposições.

A categoria (econômica) da prosperidade de sustentabilidade diz respeito aos impactos que as atividades e os resultados de um projeto podem ter nas finanças das partes interessadas do projeto.

O foco da categoria da prosperidade é maximizar retornos positivos para o maior número possível de partes interessadas.
A categoria da prosperidade contém as seguintes subcategorias:

- Análise do plano de negócio
- Agilidade de negócios
- Estimulação econômica

O Retorno Sobre o Investimento (ROI) é usado para avaliar o retorno financeiro esperado do dinheiro gasto em um projeto. O ROI é calculado usando-se a seguinte fórmula:

ROI = (Benefícios Financeiros Diretos – Custos do Projeto) / Custos do Projeto.

O ROI é normalmente expresso como uma percentagem (ou seja, se o cálculo bruto resultar em um valor de 0,32, o ROI é expresso como 32%). Ambos os números devem refletir o valor presente conforme descrito acima.
Acabar com a pobreza em todas as suas formas, em todos os lugares
Uma maior flexibilidade/opcionalidade ajuda a alcançar os seguintes resultados sustentáveis do projeto:

- Maior grau de sucesso.
- Identificação de oportunidades para melhorar os impactos sociais e ambientais.
- Realização de benefícios superiores.

O aumento da flexibilidade de negócios ajuda a alcançar os seguintes resultados sustentáveis do projeto:

- Maior chance de sucesso do projeto.
- Capacidade aprimorada de implementar melhorias.
- Vantagens competitivas para a organização.
- Maior potencial para responder com eficácia às mudanças.

A consciência do impacto econômico local ajuda a alcançar os seguintes resultados sustentáveis do projeto:

- Criação de oportunidades de emprego local.
- Fornecimento de benefício econômico adicional oriundo do dinheiro gasto na economia local.
- Potencial para um melhor padrão de vida para as pessoas que residem na comunidade local.
- Receita tributária para a comunidade em apoio aos serviços e à infraestrutura.
- Apoio para um ciclo de prosperidade.

O reconhecimento da importância dos benefícios indiretos ajuda a alcançar os seguintes resultados sustentáveis do projeto:

- Propriedade e foco no alcance de benefícios.
- Justificativa adicionada para o valor e os benefícios do projeto.
- Apoio para projetos semelhantes no futuro.

Aplicações mais comuns da Norma P5 para Sustentabilidade em Gestão de Projetos

É importante ressaltar que os líderes de projetos e suas equipes precisam entender bem o *Business Case* para aplicar esse processo. Além disso, é fundamental ter um bom entendimento dos detalhes do projeto, como o seu objetivo, requisitos relevantes e, principalmente, dos objetivos e estratégias da organização. A documentação da norma P5 destaca que, enquanto o caso de negócio e o objetivo do projeto são de responsabilidade do dono do projeto, cabe ao gerente do projeto coletar, documentar e chegar a um acordo sobre os requisitos, com base na compreensão da estratégia organizacional.

Uma atividade importante ao realizar a análise de impacto do P5 é criar um registro de riscos. Dependendo da metodologia de gerenciamento de projetos utilizada, o formato desse registro pode variar, mas basicamente ele deve conter informações essenciais sobre os diferentes tipos de riscos associados ao projeto. Como exemplo, podemos mencionar o PMBOK, que é talvez o guia mais conhecido de boas práticas em gerenciamento de projetos. Ele sugere a elaboração de um Plano de Gerenciamento de Riscos, que identifica, analisa e propõe soluções ou medidas para minimizar os riscos percebidos e potenciais do projeto, um plano de gerenciamento de riscos é um documento que mostra como concluir o projeto dentro de um nível de risco aceitável, conforme estabelecido nos valores da organização. Portanto, se a busca pela sustentabilidade for um valor importante para a organização, é essencial que o plano de gerenciamento de riscos esteja alinhado com essa meta.
Ao aplicar a norma P5, os gerentes de projeto podem garantir que as considerações de sustentabilidade sejam integradas a todas as fases do ciclo de vida de um projeto, desde a sua iniciação até a conclusão. Essa abordagem ajuda a criar projetos mais responsáveis ambiental e socialmente, que levam em conta a tríplice linha de base - pessoas, planeta e lucro. Para aplicar a norma P5 - Green Project Management à gestão de projetos tradicional, você pode seguir as seguintes etapas:

Conscientização: Comece por criar uma conscientização sobre a importância da sustentabilidade na gestão de projetos. Eduque a equipe do projeto e as partes interessadas sobre os princípios e benefícios da P5 Standard.

Avaliação inicial: Realize uma avaliação inicial para identificar os aspectos do projeto que podem ser aprimorados em termos de sustentabilidade. Isso pode envolver a análise de fatores ambientais, sociais e econômicos relacionados ao projeto.

Definição de metas sustentáveis: Com base na avaliação inicial, defina metas sustentáveis claras e mensuráveis que se alinhem aos princípios da P5 Standard. Por exemplo, estabeleça metas para reduzir as emissões de carbono, minimizar o desperdício ou aumentar a inclusão e diversidade no projeto.

Integração de práticas sustentáveis: Identifique práticas sustentáveis relevantes que podem ser integradas ao projeto. Isso pode incluir o uso de materiais ecológicos, a implementação de práticas de economia de energia, o gerenciamento adequado de resíduos, a promoção da igualdade de gênero e muito mais.

Envolvimento das partes interessadas: Envolva as partes interessadas relevantes em todo o processo. Promova a comunicação aberta e a colaboração, incentivando o compartilhamento de ideias e perspectivas relacionadas à sustentabilidade do projeto.

Monitoramento e avaliação contínua: Estabeleça mecanismos para monitorar e avaliar regularmente o progresso em relação às metas sustentáveis estabelecidas. Isso ajudará a identificar áreas que precisam de ajustes ou melhorias e permitirá a correção de rumos, se necessário.

Comunicação e divulgação: Compartilhe os resultados e as conquistas relacionadas à sustentabilidade do projeto com as partes interessadas internas e externas. Isso pode incluir relatórios de sustentabilidade, certificações relevantes e comunicação transparente sobre as práticas sustentáveis implementadas.

Lembrando que a aplicação da P5 Standard - Green Project Management pode variar de acordo com a natureza e o escopo de cada projeto. É importante adaptar as práticas e abordagens de acordo com as necessidades específicas, mantendo sempre o foco na integração dos princípios de sustentabilidade ao longo do ciclo de vida do projeto.

Incorporar a sustentabilidade em todas as funções

Fatores pelos quais uma boa gestão de questões ambientais, sociais e de governança pode contribuir para a criação de valor para os acionistas, sim aqueles que vão um dia financiar nossos projetos:

- Identificação precoce de riscos emergentes, ameaças e falhas de gestão
- Novas oportunidades de negócio
- Satisfação e fidelidade dos clientes, internos ou externos
- Reputação como empregador atrativo
- Alianças e parcerias com parceiros comerciais e partes interessadas
- Melhoria da reputação e das marcas
- Redução da intervenção regulatória
- Economia de custos
- Acesso a capital, menor custo de capital
- Melhor gestão de riscos, níveis de risco mais baixos

Com base em entrevistas realizadas pelo GPM Global, é provável que essas seis tendências continuem, se não se acelerem, após a pandemia:

Iniciativas aprimoradas de saúde e bem-estar: Com foco na saúde mental e na redução do estresse. O relatório da McKinsey sobre o Futuro do Trabalho descobriu que pelo menos 49% dos trabalhadores remotos estão apresentando alguns sintomas de esgotamento. Essa é uma proporção alarmante, sinalizando que os ganhos de produtividade podem não ser duradouros, a menos que os gerentes de projetos tomem medidas para apoiar o bem-estar psicológico de suas equipes.

Equipes remotas e reuniões híbridas: Uma recente pesquisa da Gartner mostrou que 48% dos funcionários provavelmente trabalharão remotamente pelo menos parte do tempo após a COVID-19, em comparação com 30% antes da pandemia. Mesmo com o retorno das pessoas ao escritório, as reuniões de equipes de projeto provavelmente manterão um elemento híbrido que permite a participação remota completa.

Crescimento pessoal e desenvolvimento: Manter o equilíbrio entre vida profissional e pessoal durante a quarentena provou ser um desafio para muitos, à medida que as fronteiras entre vida pessoal e profissional se tornaram ainda mais difusas. Utilizar o tempo livre para trabalhar no desenvolvimento pessoal, assim como na prática da atenção plena, melhora a qualidade de vida.

Ênfase no impacto: A abordagem de comando e conquista na entrega de projetos tem cedido lugar a uma abordagem focada em valores e benefícios, e isso continuará até que o impacto seja igualado em importância à lucratividade.

Propósito acima do lucro: Embora ninguém questione a necessidade de ser lucrativo, as organizações devem colocar princípios, valores e ética no centro do processo de tomada de decisão para contribuir para o desenvolvimento regenerativo.

Resiliência: As organizações devem desenvolver resiliência estabelecendo governança resiliente, revisando e repensando estruturas de gerenciamento de crises e estratégias de resposta, ao mesmo tempo que promovem uma cultura de resiliência. Isso começa com a desconstrução dos silos entre equipes e a integração delas para coordenar as táticas, ferramentas e tecnologias necessárias para uma resposta eficaz em crises.

Gestão de Projetos e o Meio Ambiente

O gerenciamento de projetos deve agir sobre a crise climática

A mudança climática é a crise que define nosso tempo, e seus impactos estão sendo reconhecidos e sentidos de inúmeras maneiras em cada parte do mundo.

O aumento das temperaturas está alimentando a degradação ambiental, desastres naturais, extremos climáticos, insegurança alimentar e hídrica, perturbações econômicas, conflitos e refugiados ambientais. Os níveis do mar estão subindo, as camadas de gelo do Ártico e da Antártida estão derretendo, os recifes de coral estão morrendo, os oceanos estão se acidificando, as florestas estão queimando e negócios e projetos estão sendo afetados.

Eventos climáticos extremos e mais frequentes são a maneira mais direta de sentir as mudanças climáticas em nossas vidas diárias.

Somente em 2021, os efeitos de apenas 10 eventos climáticos, incluindo o furacão Ida, as inundações na Europa, a tempestade de inverno no Texas, as inundações de Henan na China, as inundações da Colúmbia Britânica e uma vez em mil anos de cúpula de calor, a "onda fria" da França, o ciclone Yaas na Índia e Bangladesh, as inundações australianas, o tufão In-fa na China, Filipinas e Japão e o ciclone Tauktae na Índia, Sri Lanka e Maldivas resultaram em 170 bilhões de dólares em destruição direta. Isso não considera a interrupção que eles e outros eventos climáticos extremos tiveram nas operações e projetos de negócios devido à perda de capacidade, capacidade e custos de reconstrução.

Quando colocamos a pergunta "Os eventos climáticos extremos, como inundações repentinas, incêndios florestais, elevação do nível do mar, afetaram o trabalho do seu projeto?" para Gerentes de Projeto, 38% disseram que sim. Isso é superior a apenas 4% em 2019. A resposta foi ainda maior entre os Gerentes de Programa e Portfólio, que observaram que 42% estão sendo impactados. Entre os executivos, 28% disseram sim, enquanto 72% não tinham certeza ou disseram não.

Quando perguntados se a profissão de projeto está fazendo o suficiente para combater as mudanças climáticas, 100% disseram que não.

Não há dúvida de que cada profissão deve investir e trabalhar para entender seu impacto nas mudanças climáticas e tomar medidas imediatas para eliminar práticas nocivas.

Os negócios como de costume não são bons o suficiente e, como o custo infinito das mudanças climáticas atinge níveis irreversíveis, agora é a hora de uma ação coletiva ousada na avaliação do impacto dos projetos e do trabalho de projeto.

Além de utilizar nosso Padrão P5 para Sustentabilidade em Gerenciamento de Projetos, realizar uma Análise de Impacto P5 e incorporar um Plano de Gerenciamento de Sustentabilidade ao projeto, responder a algumas perguntas simples pode garantir o equilíbrio.

1. Minha ação cura o futuro ou o rouba?
2. Aumenta ou diminui o bem-estar humano?
3. Restaura ou esgota a biodiversidade?
4. Aumenta ou diminui o aquecimento global?
5. Ela atende às necessidades humanas ou fabrica desejos humanos?

Sustentabilidade é o mínimo, e isso não é suficiente

Desde 2009, a GPM trabalha para promover práticas sustentáveis em gerenciamento de projetos. Nossa abordagem sempre foi ir além do entendimento comum de sustentabilidade e focar na criação de valor, o foco central da regeneração.

De acordo com Merriam Webster, Sustentável é definido como "capaz de ser sustentado" e "de, relacionado a, ou sendo um método de colheita ou uso de um recurso para que o recurso não seja esgotado ou danificado permanentemente". Isso simplesmente não é bom o suficiente.

Nossos métodos e ferramentas defendem a abordagem das causas profundas dos problemas relacionados à sustentabilidade e se concentram na criação de valor, enquanto o entendimento comum é meramente "não causar danos", mas não necessariamente "fazer o bem".

Na prática, temos defendido a regeneração desde a nossa fundação, o que Paul Hawken eloquentemente descreve em seu novo livro, "Regeneration: Ending the Climate Crisis in One Generation", colocando a vida no centro de cada ação e decisão.

O desafio de introduzir uma terminologia nova ou diferente (Regeneração versus Sustentabilidade) é que levou 30 anos para que a sustentabilidade se firmasse como um termo familiar. Os detratores poderiam vê-lo apenas como uma reembalagem do antigo. Na realidade, a regeneração vai além da sustentabilidade na tomada de decisões que colocam a vida em primeiro lugar. Em última análise, devemos nos perguntar: "o que é que estamos sustentando?"

Devemos regenerar o que foi perdido e sustentar esse futuro estado regenerado. Para dizer o mínimo, a sustentabilidade é o degrau mais baixo da escada, devemos subir mais alto.

Se você deseja usar Verde, Sustentável ou Regenerativo, sua ação é o que importa.

Greenwashing

A preocupação dos consumidores com questões ligadas ao meio ambiente tem crescido expressivamente nos últimos anos e, consequentemente, as empresas também estão se preocupando mais com o marketing que traz a imagem de "amigo da natureza". No entanto, é importante notar que em certos casos esse novo discurso "verde" das empresas não é acompanhado de mudanças reais nas práticas e nos processos internos.

O mercado tem boas razões para acompanhar de perto mudanças no perfil dos consumidores e se adequar a elas. O problema é quando a empresa manipula informações para passar ao público uma imagem ecologicamente responsável e é apenas uma maquiagem verde ou para usar o termo correto, Greenwashing.

Sete pecados do Greenwashing definidos pela agência canadense TerraChoice:

1. Sem Provas: Apelo ambiental que não pode ser comprovado por informações facilmente acessíveis ou por uma certificação de terceiros confiável. Exemplos comuns são os lenços faciais ou produtos de papel higiênico que reivindicam várias porcentagens de conteúdo reciclado pós-consumo sem fornecimento de evidências.
2. Troca Oculta: Apelo de que um produto é "verde" com base em um conjunto restrito de atributos, sem atenção a outras questões ambientais importantes. O papel, por exemplo, não é necessariamente ambientalmente preferível apenas porque vem de uma floresta colhida de forma sustentável. Outras questões ambientais importantes no processo de fabricação de papel, como as emissões de gases de efeito estufa, ou o uso de cloro no branqueamento podem ser igualmente importantes.
3. Vagueza e Imprecisão: Apelo tão mal definido ou amplo que seu significado real é provavelmente mal-entendido pelo consumidor. "Todo-natural" é um exemplo. Arsênio, urânio, mercúrio e formaldeído são naturais. "Todo-natural" não é necessariamente "verde".
4. Irrelevância: Apelo ambiental que pode ser verdadeiro, mas não é importante ou não ajuda os consumidores que procuram produtos ambientalmente preferíveis. O "CFC-

free" é um exemplo comum, uma vez que é uma alegação frequente, apesar de os CFC serem proibidos por lei.

5. Menor dos Males: Apelo que pode ser verdade dentro da categoria de produto, mas isso pode distrair o consumidor dos impactos ambientais maiores da categoria como um todo. Os cigarros orgânicos poderiam ser um exemplo desse pecado, assim como o veículo utilitário esportivo de baixo consumo de combustível.
6. Lorota: Reivindicações ambientais que são simplesmente falsas. Adorando Falsos Rótulos: Produto que, por meio de palavras ou imagens, dá a impressão de endosso de terceiros que não existe. Em outras palavras, etiquetas falsas.

Como evitar práticas de greenwashing

Diante das práticas comuns de Greenwashing apresentadas anteriormente já é possível ficar atento para certos termos. Existem, entretanto, algumas condutas recomendadas ao consumidor interessado em fugir do Greenwashing:

- Fuja de alegações vagas: Não confie em produtos que possuem afirmações ambientais vagas como "ecológico", "sustentável" ou "amigo do meio ambiente". Termos amplos e vagos como esses não podem ser usados nas embalagens dos produtos de acordo com a Norma ABNT ISO 14021. Se você encontrar, é Greenwashing.

- Parece um selo, mas não é: É comum encontrar imagens e desenhos que parecem selos, mas na verdade são uma jogada de marketing da empresa. Se você nunca viu antes aquele símbolo, desconfie e pesquise! Há muitas empresas que usam símbolos que parecem selos, mas que na verdade são criados pela própria empresa e que passam uma imagem equivocada de certificação independente de terceiros.

- Faça o que falo, mas não o que faço: Muitas empresas colocam recomendações e sugestões em suas embalagens, como "Preserve o Meio Ambiente, ele agradece", "Economize água", "Por favor, recicle essa embalagem". No entanto, a empresa carece de política socioambiental e de ações voltadas à sustentabilidade de seus produtos. A responsabilidade com o meio ambiente é tanto do consumidor, quanto da empresa. É comum encontrar casos em que o consumidor quer reciclar a embalagem do produto, mas o fabricante não investiu em embalagens 100% recicláveis ou biodegradáveis e não consegue. Até mesmo casos nos quais a empresa pede para o consumidor economizar água, mas a sua empresa não tem a prática de fazer reuso de água, reaproveitamento e até mesmo racionamento. Sendo assim, quando encontrar essas mensagens nas embalagens, pesquise as práticas da empresa e sua política socioambiental e, no caso da carência de provas, cobre por mudanças!

- Só a palavra da empresa não adianta: Não adianta um fabricante declarar que seu produto é vegano, não testado em animais, que gera 70% economia de água e é 100% biodegradável, ele precisa entregar provas concretas de tais afirmações. A ABNT NBR ISO 14021 que versa sobre rótulos e declarações ambientais e autodeclarações ambientais estabelece que as declarações ambientais devem assegurar a confiabilidade/validade das informações e ter metodologia clara, transparente, cientificamente sólida e documentada. Se você encontrou uma autodeclaração ambiental e quer confirmar a veracidade, entre em contato com o Serviço de Atendimento ao Consumidor (SAC) da empresa (o e-mail ou telefone precisa estar informado no rótulo) e solicite provas concretas de tais afirmações!

- Acompanhe organizações preocupadas com a causa: Há muitas organizações da sociedade civil que, como o Idec, trabalham com o tema do Greenwashing e a responsabilidade socioambiental das empresas e são fonte confiável para sua pesquisa. Além disso, há conteúdo nos sites de diversas certificadoras internacionais independentes que trabalham verificando tais declarações.

Seis maneiras de incorporar a sustentabilidade aos projetos
Lidar com a mudança climática é responsabilidade de todos, desde o refeitório até o C-suite. No entanto, tornar as iniciativas de sustentabilidade parte do "business as usual" provou ser um desafio para muitas empresas. O relatório Global Megatrends 2022 da PMI oferece uma visão detalhada de como a Crise Climática está fazendo as organizações repensarem e reequiparem seus modelos de negócios para adotar práticas sustentáveis.

De acordo com o PMI's Pulse of the Profession ®: Why Social Impact Matters, para tornar a sustentabilidade uma prioridade estratégica, as equipes precisam ter um plano de ação e medir seus esforços com dados concretos.

Seis fatores de sucesso emergiram desta pesquisa como críticos para projetos de sustentabilidade:

1. Envolver as partes interessadas locais. Isso geralmente requer uma mudança cultural e habilidade para facilitar a mudança e criar incentivos econômicos e valor para a comunidade ou região que um projeto terá impacto.

2. Adote uma abordagem de desperdício zero. "Se você olhar para os processos naturais, não há nada que seja desperdiçado", diz Nishita Baliarsingh , cofundador e CEO da Nexus Power na Índia. "Vem da terra, volta para a terra – tudo é circular. Está completamente fechado."
3. Observe cada componente da cadeia de valor. Baliarsingh observa que olhar para o ciclo de vida completo de um produto sustentável - desde o fornecimento até a produção, distribuição e descarte - provavelmente revelará que ele não é tão sustentável quanto o esperado ou não causa muito impacto.
4. Entenda que as compensações entre pessoas, planeta e lucro não são necessárias. "Sustentabilidade é tipicamente a utilização otimizada de recursos, e não é como se você fizesse isso pelo planeta e esquecesse todo o resto", observa Baliarsingh. "Em termos de negócios sustentáveis, você vai da matéria-prima ao consumidor e até o descarte. Uma vez que você tenha um canal completo, a economia vai melhorar."
5. Faça uma avaliação de risco completa para garantir que você alcance os resultados desejados. Mesmo um projeto que pode parecer simples, como plantar árvores, tem muitas facetas que devem ser consideradas, incluindo segurança, regulamentações governamentais, gestão de partes interessadas e comunitárias, abastecimento de água e impacto na biodiversidade.
6. Invista em tecnologia. Esta pode ser a única maneira de virar a maré sobre as mudanças climáticas. Novas tecnologias, como captura direta de ar e mineralização de carbono, poderão um dia remover o carbono na escala necessária.

Ao incorporar essas práticas, os profissionais e as equipes de projeto têm a capacidade de tornar realidade um mundo mais sustentável e verde.

Objetivos Comuns de Sustentabilidade e Gerenciamento de Projetos

As empresas competem mudando constantemente para atender às forças do mercado. Essas mudanças são realizadas principalmente por meio de projetos adotados pela organização.

Até agora, o gerenciamento de projetos era tratado como uma ilha no meio da organização. Da mesma forma que um projeto tem começo e fim discretos, é como se uma fortaleza tivesse sido construída em torno dele em termos de impactos de longo prazo. Os gerentes de projeto avaliam apenas os riscos que afetam a implementação do projeto em si, não a comunidade maior ou a reputação da empresa.

As empresas nunca foram isoladas das expectativas sociais ou políticas. A diferença agora é a intensificação da pressão e a crescente complexidade das forças, a velocidade com que mudam e a capacidade dos ativistas de mobilizar a opinião pública (Bonini, 2006). O mundo dos negócios não é apenas global, mas está se agitando em um ambiente dinâmico e turbulento. Essas mudanças sísmicas no pensamento organizacional exigem que o gerenciamento de projetos seja mais orientado para o contexto de negócios de um projeto, e não apenas míope para o próprio projeto. Incorporar a sustentabilidade na gestão de projetos nos ajuda a lidar com a complexidade dos projetos, reduz as situações de crise, cancelamentos e interrupções de projetos e a flutuação do pessoal do projeto, cria uma vantagem competitiva e benefícios econômicos e promove resultados de projetos sustentáveis (Gareis, Heumann, & Martinuzzi, 2010).

O ex-presidente da PMI, Gregory Balestrero, observou: "A responsabilidade social não é mais o capricho de um CEO ambientalmente sensível. Tornou-se um mandato para todas as organizações em todas as operações. Os gerentes de projeto devem reconhecer e atender a esse mandato agora e no futuro." (Hunsberger, 2008).

Gestão de Projetos e a Sociedade

Diversidade, Equidade e Inclusão

Diversidade: É a pluralidade dos indivíduos em termos de diferenças culturais, identidade, experiências e valores que são compartilhados no decorrer da vida social e profissional. Ou seja, a convivência de pessoas diferentes em relação a etnia, orientação sexual, cultura, gênero etc., em todas as áreas e níveis hierárquicos da empresa.

Equidade: É a justiça social, ou seja, oferecer os recursos necessários para que todas as pessoas possam partir do mesmo ponto de largada. Se temos a intenção de unir histórias e contextos de vida diversos, com percepções, formações e necessidades diferentes, não podemos partir da ideia de que todas as pessoas recebam tratamento igualitário, mas, sim, equânime! Isto é, de acordo com suas necessidades específicas.

Inclusão: É o senso de pertencimento. Criar um ambiente no qual todas as pessoas possam sentir-se pertencentes e prosperar. Uma empresa inclusiva é aquela que cria estratégias para acolher a diversidade e garantir que essas pessoas tenham oportunidades equânimes de crescimento em um ambiente seguro dentro da empresa. E como fazer isso? Preparando o ambiente para que as pessoas se sintam bem-vindas. Que elas tenham a percepção de que a empresa e a equipe se prepararam para recebê-las e, principalmente, que têm respeito e sabem como lidar com elas.

Aproveite a diversidade ao ir corajosamente aonde ninguém jamais foi!

Quando Gene Roddenberry contratou a USS Enterprise com um conjunto altamente diversificado de raças, espécies e gêneros, ele usou Star Trek como seu palanque para desafiar as injustiças sociais generalizadas do final dos anos sessenta. No entanto, ao fazer isso, ele também forneceu outro benefício da diversidade: melhor gerenciamento de riscos.

Quando você considera a missão original da Enterprise, ela atende a muitos dos critérios de um projeto grande e altamente complexo:

- Escopo – explorar novos mundos estranhos, buscar novas vidas e novas civilizações.
- Cronograma – cinco anos.
- Um empreendimento único – sua declaração de missão original "para corajosamente ir aonde ninguém jamais foi" reforça a quão única era a missão.
-

Em vários episódios da série original e, posteriormente, em alguns dos filmes, vimos casos em que a diversidade foi um fator importante para ajudar a equipe a superar situações terríveis. Um desses exemplos vem de Star Trek 2: The Wrath of Khan. De toda a tripulação, Spock era a única pessoa forte o suficiente para suportar a radiação dentro da câmara de matéria/antimatéria para dar partida nos motores da Enterprise. Qualquer um que não fosse um vulcano provavelmente ficaria sobrecarregado antes que o processo pudesse ser concluído.

Então, como a diversidade facilita uma gestão de riscos mais eficaz?

Ao identificar riscos, o uso de listas de verificação e dados históricos pode ajudar a descobrir incertezas que, de outra forma, teriam sido perdidas, mas não substituem uma gama diversificada de conhecimentos. Se os membros da equipe e as partes interessadas tiverem formação educacional e experiência semelhante, há uma maior possibilidade de os principais riscos permanecerem não identificados.

Ao analisar riscos ou ao monitorar os primeiros sinais de alerta de percepção de risco, a diversidade é uma boa maneira de superar preconceitos de risco e pensamento de grupo.

Finalmente, a qualidade das respostas ao risco é limitada pela criatividade e imaginação da equipe. É sabido que a diversidade devidamente aproveitada promove maior criatividade.

Então, da próxima vez que você tiver a oportunidade de enfrentar um projeto desafiador, resista à tentação de colocar no projeto membros da equipe que sejam exatamente como você, fazendo da diversidade um dos principais critérios para a seleção de recursos.

A inclusão da diversidade forma um ciclo virtuoso com segurança psicológica

A diversidade na composição da equipe pode trazer para a identificação de riscos! Com formações e experiências diferentes, os membros da equipe geralmente identificam um conjunto mais rico de riscos do que pode ser definido por um grupo com diversidade limitada. Também é reconhecido que equipes diversas geralmente são mais criativas e podem ser mais inovadoras. Mas só porque aceitamos conceitualmente algo não significa que somos bons em colocá-lo em ação.

A inércia muitas vezes supera a diversidade quando se trata de equipes de pessoal.

Em contextos matriciais, os Gerentes de Projetos fornecerão seus requisitos de habilidades aos gerentes de pessoal e, embora o Gerente de Projeto possa estar considerando a composição geral da equipe no fundo de suas mentes, a prioridade costuma ser muito

forte em conseguir alguém com as melhores habilidades para concluir o trabalho esperado. Os gerentes funcionais se deparam com o atendimento de várias solicitações de talentos paralelas e muitas vezes concorrentes, portanto, adicionar diversidade aos critérios de pesquisa pode ser visto como um requisito interessante. Mesmo que o Gerente de Projeto esteja em um nível mais alto de poder ou influência, eles podem relutar em rejeitar as recomendações de pessoal feitas pelos gerentes funcionais puramente por falta de diversidade.
Em situações projetadas, o Gerente de Projeto tem um controle muito maior sobre quem fará parte de sua equipe, mas se estiver enfrentando pressão para cumprir datas agressivas, pode estar inclinado a construir a equipe o mais rápido possível, o que significa que a diversidade volta a ser prejudicada. assento.
As cotas de diversidade não são uma resposta, pois tais estratégias são divisivas por intenção. A supervisão ajuda, mas nada substituirá o compromisso real de um Gerente de Projeto em construir sua equipe com a diversidade em mente.

A contratação de pessoal é apenas o primeiro passo.

As oportunidades oferecidas por uma maior diversidade de equipe são desperdiçadas se não incorporarmos a inclusão na cultura da equipe. Por exemplo, a atitude de um Gerente de Projeto em relação ao conflito afetará seu sucesso com a inclusão. Se eles estão preocupados com o atrito intelectual, um Gerente de Projeto avesso a conflitos pode preferir deixar as vozes mais altas dentro da equipe abafar o resto.
Precisamos começar inserindo a inclusão nos acordos de trabalho em equipe e precisamos modelar o comportamento inclusivo em nossas interações com a equipe. Também poderia ser um tópico de discussão durante os eventos de reflexão, fazendo com que os

membros da equipe identificassem comportamentos e ações que fossem inclusivos e aqueles que não fossem.
Não é por acaso que abraçar a diversidade foi emparelhado com segurança psicológica dentro da primeira promessa da mentalidade Ágil Disciplinada, pois os dois andam de mãos dadas. Quanto mais inclusivos formos com a diversidade em nossas equipes, mais seguros os membros de nossa equipe se sentirão. E quanto mais seguros os membros de nossa equipe se sentirem, mais eles estarão inclinados a respeitar e encorajar opiniões diferentes das suas.

Mostre-me o dinheiro! (*Show me the Money!* orientado para a diversidade)

No ano passado, o PMI publicou seu relatório A Case for Diversity, que explica o valor da diversidade para as empresas. Há muitos fatos realmente interessantes aí, mas vamos começar com alguns que estão bem na frente:

- 88% dos líderes de projeto sentem que equipes com diversidade cultural e de gênero aumentam o valor do projeto.
- 83% dos líderes de projeto acreditam que os membros da equipe internacional aumentam o valor do projeto.

Essas são maiorias significativas e não devem ser ignoradas por nenhuma organização.
Mais ou menos um ano após a publicação desse relatório, muitas organizações decidiram adotar modelos de trabalho que continuam a apoiar funcionários e equipes distribuídas em uma taxa muito maior do que antes da pandemia, e isso cria mais oportunidades do que nunca para abraçar equipes diversificadas. Se o ambiente facilita e os líderes dizem que isso beneficia os projetos, abraçar a diversidade não deveria ser algo óbvio?

O caso da diversidade

Os projetos são bem-sucedidos porque as pessoas trabalham juntas – a colaboração gera soluções melhores do que as que os indivíduos jamais apresentarão por conta própria. Parte disso ocorre porque a colaboração permite que todos os diferentes históricos, habilidades e experiências que as pessoas tenham se unam para desenvolver soluções e abordagens aprimoradas.
Portanto, é lógico que quanto mais diversas e variadas forem as origens individuais, mais diversificada será a colaboração coletiva - e maior a probabilidade de que a melhor solução seja encontrada por todos trabalhando juntos.
Se essas equipes agora são amplas ou totalmente remotas, é mais simples trazer pessoas de áreas sub-representadas, seja geográfica ou cultural. E se isso aumenta a diversidade média de uma equipe, também aumenta as chances de sucesso dessa equipe. Maior sucesso da equipe significa maior sucesso do projeto, o que, por sua vez, significa maior sucesso nos negócios e melhor resultados para a organização.
O relatório do PMI apoia essa teoria – as organizações que apoiam a programação baseada em gênero tendem a ser mais bem-sucedidas, assim como as organizações com liderança culturalmente diversa. À medida que o mundo sai da profunda recessão causada pela pandemia, a capacidade de melhorar o desempenho é algo que precisa ser adotado por todos. Mas isso está acontecendo quando se trata de diversidade?

A ausência de compromissos estratégicos

Pergunte a qualquer organização e eles provavelmente serão capazes de apontar declarações sobre o valor da inclusão, igualdade e diversidade. Pode fazer parte de sua declaração de missão e pode até justificar uma declaração no saguão da sede. Mas as palavras estão sendo apoiadas por ações reais?

Para muitas organizações, a resposta hoje é "não". Muitos tinham programas de pequena escala para incentivar a compreensão e aceitação antes do COVID-19, mas na grande maioria dos casos essas estavam entre as primeiras áreas em que os cortes aconteceram para economizar dinheiro durante a recessão pandêmica e ainda não foram restaurados.

Isso é decepcionante, mas acho que também cria uma oportunidade. Iniciativas táticas de pequena escala dão a sensação de que uma organização está fazendo alguma coisa — e, certamente, qualquer coisa é melhor do que nada. Mas essas iniciativas não são suficientes para fazer uma diferença real na maneira como as organizações veem as questões relacionadas à diversidade e à igualdade. E eles certamente não são suficientes para gerar melhorias no ROI por meio de um compromisso com trabalhos mais diversificados baseados em projetos.

O que é necessário é um compromisso estratégico com a diversidade apoiado por dólares significativos para impulsionar esses programas. Isso deve combinar programas de educação e conscientização para funcionários existentes com iniciativas de recrutamento destinadas a tornar os empregadores mais atraentes para diversos recrutas. Isso, por sua vez, significa uma redução significativa na porcentagem de homens brancos ocupantes de cargos executivos e um aumento na diversidade entre os departamentos de RH.

Observe que isso não significa que estou defendendo a discriminação positiva. Estou simplesmente sugerindo que toda organização deve procurar ter a melhor pessoa possível em cada função. Eu apenas tenho dificuldade em acreditar que cada um dos quase 90% dos CEOs da Fortune 500 que são homens brancos conseguiram seus cargos porque eram a melhor pessoa para o trabalho.

Os benefícios de um futuro alimentado pela diversidade

O mundo está entrando em um período de mudança contínua e disruptiva. Ainda não sabemos exatamente que tipo de mudanças permanentes ocorrerão como resultado do COVID-19, mas sabemos que a pandemia mudou como, onde e quando as pessoas trabalham. Há um número crescente de organizações aceitando que o trabalho distribuído pode ser não apenas um modelo operacional eficaz e eficiente.

Também sabemos que a pandemia acelerou a transformação digital, que trará mudanças fundamentais para as organizações que a abraçarem e mudará não apenas a forma como o trabalho é feito, mas também como as organizações e os indivíduos pensam sobre esse trabalho.

Além disso, à medida que a tecnologia continua a evoluir e a redefinir o que é possível em praticamente todos os setores, os clientes exigirão continuamente soluções novas e inovadoras. Se não conseguirem, levarão seus negócios para outro lugar.

Tudo isso significa que as organizações estarão sob imensa pressão para entregar os produtos e serviços que ultrapassem os limites do que é possível – que não apenas respondam, mas antecipem as demandas dos clientes e que suportem modelos operacionais cada vez mais eficazes e eficientes. Simplificando, as organizações terão que apresentar consistentemente as melhores soluções possíveis para cada desafio que enfrentarem.

O que, obviamente, nos traz de volta ao ponto de partida: com equipes diversificadas desenvolvendo soluções melhores do que equipes equivalentes que carecem da mesma gama de diversidade.

As organizações, especialmente no setor privado, estão alcançando rapidamente um ponto em que a diversidade não é apenas a coisa certa a fazer ou mesmo algo que oferece uma vantagem competitiva, mas onde é a chave para um modelo de negócios sustentável.

Diversidade inteligente

Mas essa diversidade que estamos falando neste livro deve ser aplicada de forma inteligente. Não se trata simplesmente de contratar mais não-brancos ou mais não-homens. Não se trata de contratar algumas pessoas de locais diferentes. Steve Jobs disse:

"Não faz sentido contratar pessoas inteligentes e dizer-lhes o que fazer; contratamos pessoas inteligentes para que possam nos dizer o que fazer."

Essa é a abordagem que precisa ser adotada para a diversidade: contratar as melhores pessoas possíveis, de qualquer lugar do mundo, para ajudá-lo a resolver os problemas que você está enfrentando – e depois permitir que eles levem a organização na direção que ela precisa seguir. para entregar esse sucesso.

Isso proporcionará uma diversidade inteligente porque não coloca a diversidade em primeiro lugar, mas sim o sucesso sem aplicar restrições a esse sucesso. Quando essas pessoas inteligentes já tiverem uma diversidade adequada, essa diversidade será mantida simplesmente porque os fatores de diversidade serão ignorados — uma verdadeira meritocracia será criada. Isso é muito diferente de hoje, quando a esmagadora maioria dos CEOs da Fortune 500 são homens brancos, porque a grande maioria dos conselhos que indicam esses CEOs é dominada por homens brancos.

Ao mesmo tempo, novas formas de trabalhar serão encontradas e adotadas porque o conjunto diversificado de pessoas que colaboram para encontrar as melhores soluções será capaz de pensar mais fora da caixa do que foi possível no passado, criando soluções inovadoras, métodos de trabalho e aproxima da norma. Veja o que foi alcançado com a pesquisa da vacina COVID-19 quando o mundo se uniu em vários programas diferentes. Esse é o nível de progresso que é possível se permitirmos que aconteça.

Fundamentalmente, as organizações sabem que a diversidade impulsiona o desempenho. É por isso que a colaboração se tornou uma prática tão comum nas últimas décadas. Pessoas de diferentes formações e com diferentes experiências se reúnem para desenvolver soluções melhores do que essas mesmas pessoas seriam capazes de produzir trabalhando individualmente. No entanto, por alguma razão, esse conceito tem sido mais fácil de adotar – e investir – quando essas diferentes formações são simplesmente departamentos diferentes na empresa ou funções de trabalho diferentes.

Quando se trata de uma definição mais ampla de diversidade, não houve o mesmo progresso - e às vezes parece que as metas de desempenho alcançadas são vistas como "boas o suficiente" ou talvez haja uma falta de compreensão de apenas quanta melhoria pode ser obtida com uma definição mais ampla de diversidade.

Bem, agora o mundo está entrando no período mais competitivo de sua história — e nem toda organização sobreviverá. Todo negócio, em todo setor, precisa de todas as vantagens possíveis — e o simples fato é que a diversidade, implementada de forma inteligente, é um importante impulsionador do desempenho.

A mudança é simples. Por que continuamos dificultando?

Neste ponto, está bem estabelecido que os projetos são veículos de mudança. Eles criam novos resultados, aprimoram as soluções existentes, aprimoram gradualmente os recursos atuais ou retiram ou corrigem ativos de baixo desempenho. Depois que um projeto é concluído, algo será diferente quando surgir do outro lado. Espero que o resultado seja melhor de alguma forma, mas em todas as instâncias a expectativa é que traga alguma mudança.

Essa mudança pode ser um novo processo de negócios ou melhorias em um existente. Pode produzir uma nova infraestrutura de transporte. A mudança pode envolver a informatização de um processo atualmente manual e inconsistente. Uma organização pode querer lançar uma nova oferta de serviço. Um fabricante pode querer construir uma nova linha de produção para melhorar a automação. Uma empresa pode construir novos escritórios para dar suporte às suas operações. O uso desses resultados para o propósito pretendido cria circunstâncias em que se espera que as pessoas trabalhem e interajam de maneiras diferentes do que faziam no passado.

Dada essa verdade fundamental, você pensaria que seríamos muito bons em toda a mudança agora. Infelizmente, nós realmente não somos. Na realidade, a mudança geralmente é muito, muito mal administrada, na medida em que chega a ser gerenciada.

Muitos executivos – e gerentes de projeto, aliás – acreditam que uma justificativa lógica para um novo resultado se venderá por si mesma. Se você criar um argumento convincente para a mudança, as pessoas apreciarão inatamente o valor do que está sendo implementado e o adotarão por atacado.

Isso não funciona. Isso nunca funcionou. Apesar dessa verdade, organização após organização aborda a implementação dos resultados do projeto — sejam mundanos ou de grande impacto — como se fosse um exercício de lógica abstrata e justificação objetiva. Essa lógica pode ser o que justifica o investimento para a organização, é claro. Qualquer que seja o valor do caso de negócios oferecido, isso pode ser motivo suficiente para a organização querer fazer o projeto. Isso de forma alguma significa que os resultados do projeto serão persuasivos ou suficientemente desejáveis para as pessoas que os usarão.

Geralmente, é mais ou menos nesse ponto que alguém argumenta que, se a mudança é importante, a alta administração deveria apenas obrigar as pessoas a fazerem as coisas da nova maneira. A suposição generalizada de que esta é uma abordagem eficaz é francamente mais do que surpreendente. No entanto, é uma afirmação que continua sendo feita, com a presunção de que isso é tudo o que é necessário para uma mudança duradoura e significativa acontecer.

Um dos projetos de mudança organizacional mais significativos para os quais prestei serviços de consultoria foi um exemplo. Minha função no projeto foi indireta, fornecendo orientação sobre o processo de planejamento e como esse projeto interagia com vários outros na organização.

Embora o desenvolvimento da solução técnica tenha sido bem pensado e definido minuciosamente, o pressuposto inicial do planejamento era que as pessoas fizessem um curto curso de treinamento e mudassem radicalmente suas práticas de trabalho pelo único motivo que a organização queria e o executivo queria. patrocinador responsável diria a eles que eles tinham que mudar.

Indiscutivelmente, isso ainda é um pouco melhor do que a organização que investiu centenas de milhares de dólares em mudanças de sistemas para implementar uma nova oferta de programa - apenas para enviar um memorando para sua equipe de que o sistema estava pronto e eles deveriam começar a oferecer o programa a seus clientes. Não havia literalmente nenhuma outra comunicação. Nenhum treinamento, nenhuma expectativa de política, nenhum processo ou procedimento ou orientação sobre como administrar o programa. Bastava um e-mail de que o sistema estava disponível e todos precisavam ir em frente e começar a usá-lo.

A mudança como fenômeno é incrivelmente simples. Organizações, executivos e gerentes de projeto insistem em tornar isso tremendamente difícil. Você não pode promover mudanças pela lógica e argumentos racionais. Você não pode exigir que as pessoas mudem. Você não pode ordená-los a trabalhar de uma maneira diferente (bem, você pode..., mas não será muito eficaz e as pessoas irão ignorar, sabotar ou cortar atalhos sempre que puderem). A mudança não responde a ordens, expectativas ou caprichos.

A linha de fundo muito simples e direta é que a mudança é sobre as pessoas. A mudança bem-sucedida requer conhecer as pessoas onde elas estão e apoiá-las na transição para uma nova maneira de operar – na medida em que comprem, aceitem e valorizem os resultados. Quando não o fizerem, a mudança não ocorrerá da maneira esperada ou desejada (certamente não sem consequências significativas).

O fato de a mudança envolver as pessoas é precisamente o motivo pelo qual os gerentes recorrem à lógica, à persuasão ou à expectativa, é claro. Parece mais fácil. Lidar com pessoas é confuso e difícil. Isso é frustrante. Pessoas diferentes têm reações diferentes, querem coisas diferentes e reagem com diferentes níveis de apoio ou hostilidade. Muito melhor e mais simples apenas forçar a mudança dizendo às pessoas que é bom para elas ou que é necessário, em vez do trabalho árduo e complicado de tentar convencê-las.

A verdade é que se você precisa incentivar as pessoas a trabalhar, interagir ou se comportar de uma forma diferente do que fazem hoje, você vai precisar investir em apoiar as pessoas como pessoas. É tão simples. Fazer isso exige trabalho e esforço. Não existe um processo claro e facilmente definido a seguir que garanta o sucesso. Você precisará ajustar, adaptar e corrigir o curso ao longo do caminho.

Levará mais tempo do que você imagina e exigirá mais revisões e reforços do que você acredita ser razoável. Fazer isso — por todas as estradas complicadas que você seguirá — ainda é o caminho mais direto possível se o que você deseja é uma mudança real.

Embora não haja um processo direto, existem princípios essenciais para guiá-lo. Eles são universais, são significativos e surpreendentemente constantes e duradouros. Um desses princípios é fundamentado em como a mudança precisa ser comunicada. Você precisa construir um caso de mudança. No entanto, este não é um caso de negócios baseado em números e lógica. É uma narrativa credível que aborda algumas questões fundamentais e materiais:

O que está sendo feito? A primeira e fundamental questão é a identificação do que está sendo feito. Isso deve ser específico e concreto. Deve descrever o resultado real que ocorrerá. Deve descrever o que vai acontecer nos termos mais claros e simples possíveis. Deve evitar descrições abstratas e jargões floreados. Você não está "buscando sinergia e alinhamento estratégico de longo prazo"; você está "adquirindo nosso próximo maior concorrente e fundindo suas operações com as nossas nos próximos nove meses".

Por que está sendo feito? Em segundo lugar, seja claro sobre porque a mudança está sendo feita. Novamente, isso deve ser direto. Também deve ser honesto. Isso é o mais próximo que você chegará da órbita do caso de negócios, mas o que é descrito precisa ser específico. Este não é um trabalho de vendas. É uma explicação sincera de porque o que está sendo feito é importante, do ponto de vista da organização.

O que será diferente? Em seguida, seja absolutamente claro sobre o que mudará como resultado do projeto. Você pode ter menos filiais, ou papéis e funções de trabalho podem ser diferentes, ou os clientes podem interagir online e por meio de call centers, em vez de pessoalmente, ou as decisões agora serão automatizadas e consistentes, em vez de serem deixadas para o julgamento da equipe. Isso deve ser enquadrado mais diretamente em torno das mudanças que as pessoas verão e experimentarão como consequência do projeto.

O que vai ficar igual? Tão importante quanto definir a mudança é identificar o que não vai mudar. Se não forem abordadas, as pessoas imaginarão implicações maiores do que talvez você pretenda. Ser claro sobre o que ainda será o mesmo daqui para frente é uma base importante para as pessoas trabalharem. Ele permite que as pessoas avaliem a magnitude do impacto que ocorrerá e encontrem conforto no que ainda será familiar.

O que é que eu ganho com isso? A última e mais importante questão é como a mudança fará diferença para as pessoas solicitadas a fazer ajustes. Não se trata de benefícios organizacionais abstratos, mas de impactos pessoais reais. Como as experiências pessoais melhorarão como resultado da mudança para a nova maneira de operar? Como eles ficarão ou serão melhores? De que forma as pessoas que fizerem a mudança terão mais sucesso?

Você pode olhar para o último ponto em particular e fazer a pergunta: "E se não houver um benefício significativo para eles?" A resposta simples para essa pergunta é que a mudança falhará. Se as melhorias não melhorarem a vida das pessoas solicitadas a fazer a mudança, a mudança não ocorrerá. Será prejudicado, será sabotado e, na melhor das hipóteses, será pago da boca para fora. Pode não ser óbvio que a mudança está falhando no início, mas com certeza irá.

Vamos imaginar, por exemplo, que você está implementando um novo sistema que irá automatizar um processo que atualmente é manual. A razão para fazer isso é que a abordagem atual é complicada, seguida de forma inconsistente e consome muito tempo. A nova abordagem imporá regras, garantirá consistência, aplicará regras de decisão uniformemente e exigirá pouca atenção e esforço por parte da equipe. Do ponto de vista organizacional, o valor é claro: eficiência, custos reduzidos, menor número de funcionários e decisões consistentes.

Do ponto de vista das pessoas que gerenciam o processo atual, há muito pouco ganho e muita perda. Podem temer a perda de seus empregos. Podem ver isso como uma ameaça aos seus conhecimentos. Podem se ressentir por terem menos interação com

os clientes. Podem ver isso como algo que prejudica sua capacidade de atender bem seus clientes. Podem ver isso transformando seu trabalho de conselheiro em escriturário glorificado. Na verdade, provavelmente pensarão em todas essas coisas e muito mais.
Como eles responderão dependerá de onde eles estão, em funções, carreiras e mobilidade pessoal. Alguns podem se agachar e esperar pelo melhor. Outros podem minar ativamente ou mesmo sabotar abertamente a solução. Outros ainda colocarão seus currículos nas ruas assim que os ventos da mudança soprarem pela primeira vez. Não há nada nisso que pareça abraçar, aceitar ou valorizar o que está sendo feito, porque não há nada sendo feito que resulte em uma situação melhor para as pessoas.
O princípio essencial de toda mudança é que as pessoas precisam se ver sendo mais bem-sucedidas usando a nova maneira do que qualquer coisa que façam atualmente. Suas vidas precisam ser materialmente melhores e de maneiras que sejam especificamente importantes para eles. O que é implementado precisa ser uma melhoria que eles vejam pessoalmente. Isso significa que qualquer mudança, para ser aceita pelas pessoas que a usarão, precisa ser projetada para proporcionar essa melhoria.
Você precisa ter tempo para saber o que importa hoje. Você precisa aprender o que é valorizado nas funções atuais e as fontes de frustração e atrito. Você precisa reservar um tempo para explorar como seria "melhor" e como fazer isso de uma forma que seria valorizada e adotada.
Isso dá trabalho. É preciso esforço. Ele coloca as pessoas responsáveis pelo trabalho do processo no banco do motorista. O que não deveria surpreender ninguém. Se eles são solicitados a fazer o trabalho e produzir os resultados, eles precisam de soluções e suporte que lhes permitam ter mais sucesso na entrega desse valor. Certamente pode significar simplificar e automatizar aspectos de um processo que são barreiras e ineficiências. A intenção é que, ao fazer

isso, as pessoas possam ser mais bem-sucedidas fazendo as coisas que fazem a diferença.

A mudança é simples. A única mudança que funciona é feita com as pessoas, não para as pessoas. A única mudança que é aceita é aquela que deixa as pessoas em melhor situação, de maneiras e meios que sejam importantes para elas. Projete para fazer a diferença para as pessoas que fazem o trabalho primeiro, se você quiser ter alguma esperança de melhorias sendo adotadas e mudanças realmente ocorrendo. É tão simples... e tão difícil.

Gestão de Projetos e a Governança

A governança do projeto é a estrutura de gerenciamento dentro da qual as decisões do projeto são tomadas. A governança do projeto é um elemento crítico de qualquer projeto, uma vez que as responsabilidades associadas aos negócios de uma organização como atividades usuais são estabelecidas em seus acordos de governança organizacional; raramente existe uma estrutura equivalente para governar o desenvolvimento de seus investimentos de capital (projetos). Por exemplo, o organograma fornece uma boa indicação de quem na organização é responsável por qualquer atividade operacional específica que a organização conduz. Mas, a menos que uma organização tenha desenvolvido especificamente uma política de governança do projeto, é provável que tal gráfico não exista para a atividade de desenvolvimento do projeto.

Portanto, o papel da governança do projeto é fornecer uma estrutura de tomada de decisão que seja lógica, robusta e repetível para governar os investimentos de capital de uma organização. Desta forma, uma organização terá uma abordagem estruturada para conduzir suas atividades de negócios como usuais e suas mudanças de negócios, ou atividades de projeto.

Princípios básicos de governança do projeto

Princípio 1: Garanta um único ponto de responsabilidade para o sucesso do projeto

A responsabilidade do projeto mais fundamental é a responsabilidade pelo sucesso do projeto. Um projeto sem uma compreensão clara de quem assume a responsabilidade por seu sucesso não tem uma liderança clara. Sem uma responsabilidade clara pelo sucesso do projeto, não há uma pessoa dirigindo a solução dos problemas difíceis que afligem todos os projetos em algum momento de sua vida. Também retarda o projeto durante a fase

crucial de iniciação do projeto, pois não há uma pessoa para tomar as decisões importantes necessárias para colocar o projeto em uma base sólida. O conceito de um único ponto de responsabilidade é o primeiro princípio da governança eficaz do projeto.
No entanto, não basta nomear alguém para prestar contas – a pessoa certa deve ser responsabilizada. Existem dois aspectos para isso. A pessoa responsável deve ter autoridade suficiente dentro da organização para garantir que ela tenha poderes para tomar as decisões necessárias para o sucesso do projeto. Além disso, porém, está o fato de que a pessoa certa da área correta dentro da organização será responsabilizada. Se a pessoa errada for selecionada, o projeto não estará em melhor posição do que se ninguém fosse responsável por seu sucesso. A única pessoa que assumirá a responsabilidade pelo sucesso do projeto é objeto do

Princípio 2: Propriedade do projeto independente da propriedade do ativo, propriedade do serviço ou outro grupo de partes interessadas

Frequentemente, as organizações promovem a alocação da função de proprietário do projeto para o proprietário do serviço ou proprietário do ativo com o objetivo de fornecer mais certeza de que o projeto atenderá às necessidades fundamentais desse proprietário, o que também é uma medida crítica de sucesso do projeto. No entanto, o resultado dessa abordagem pode envolver inclusões de escopo inúteis e falha em atender aos requisitos alternativos das partes interessadas e do cliente:

- O benefício da dúvida vai para a parte interessada alocada com a responsabilidade do proprietário do projeto, distorcendo o resultado do projeto;
- Os requisitos do proprietário do projeto recebem menos escrutínio, reduzindo a inovação e reduzindo a eficiência dos resultados;

- Diferentes conjuntos de habilidades envolvem a propriedade do projeto, a propriedade do ativo e a propriedade do serviço, colocando em risco a tomada de decisão e o procedimento do projeto;
- As necessidades operacionais sempre prevalecem, colocando o projeto em risco de ser negligenciado nesses momentos;

As contingências do projeto correm o risco de serem alocadas para escopo adicional para a propriedade do projeto alocada pela parte interessada.

O único mecanismo comprovado para garantir que os projetos atendam às necessidades do cliente e das partes interessadas, otimizando a relação custo-benefício, é alocar a propriedade do projeto para uma parte especializada, que de outra forma não seria uma parte interessada no projeto. Este é o princípio nº 2 da governança de projetos.

O proprietário do projeto está envolvido em termos claros que descrevem as principais áreas de resultados da organização e a visão da organização sobre as principais partes interessadas do projeto. Frequentemente, as organizações estabelecem um Comitê de Governança de Projetos, que identifica a existência de projetos e nomeia os proprietários do projeto o mais cedo possível na vida de um projeto, estabelece Conselhos de Projeto que formam a base do envolvimento do cliente e das partes interessadas, estabelece as principais áreas de resultado para um projeto consistente com os valores da organização e, supervisiona o desempenho dos projetos. Esses parâmetros são comumente detalhados em um Plano de Governança do Projeto que permanece em vigor durante a vida do projeto (e é diferente de um Plano de Gerenciamento do Projeto que é mais detalhado e só passa a existir durante o desenvolvimento do projeto).

Os projetos têm muitas partes interessadas e uma estrutura de governança de projeto eficaz deve atender às suas necessidades. O próximo princípio lida com a maneira pela qual isso deve ocorrer.

Princípio 3: Assegure a separação da gestão das partes interessadas e das atividades de tomada de decisão do projeto

A eficácia da tomada de decisão de um comitê pode ser pensada como sendo inversamente proporcional ao seu tamanho. Não apenas os grandes comitês falham em tomar decisões oportunas, como também as que tomam são muitas vezes mal consideradas por causa da dinâmica de grupo específica em jogo.

À medida que os fóruns de tomada de decisão do projeto crescem em tamanho, eles tendem a se transformar em gerenciamento das partes interessadas. Quando os números aumentam, a compreensão detalhada de cada participante das questões críticas do projeto diminui. Muitos dos presentes comparecem não para tomar decisões, mas como forma de saber o que está acontecendo no projeto. Não só há tempo insuficiente para cada pessoa expor seu ponto de vista, mas aqueles com a contribuição mais válida devem competir por tempo e influência com aqueles com apenas um envolvimento periférico no projeto. Além disso, nem todos os presentes terão o mesmo nível de compreensão das questões e, portanto, o tempo é desperdiçado trazendo todos a par das questões específicas que estão sendo discutidas. Portanto, para todos os efeitos, os grandes comitês de projeto são constituídos mais como um fórum de gerenciamento de partes interessadas do que um fórum de tomada de decisão do projeto.

Não há dúvida de que ambas as atividades, tomada de decisão do projeto e gerenciamento das partes interessadas, são essenciais para o sucesso do projeto. A questão é que são duas atividades distintas e precisam ser tratadas como tal. Este é o terceiro princípio da governança eficaz do projeto. Se essa separação puder ser alcançada, ela evitará entupir o fórum de tomada de decisão com várias partes

interessadas, restringindo sua participação apenas às partes interessadas selecionadas e absolutamente essenciais para seu sucesso.
Há sempre a preocupação de que esta solução leve a um problema adicional se as partes interessadas descontentes não considerarem que suas necessidades estão sendo atendidas. Qualquer que seja o mecanismo de gerenciamento das partes interessadas implementado, ele deve atender adequadamente às necessidades de todas as partes interessadas do projeto. Terá de captar os seus contributos e pontos de vista e abordar as suas preocupações de forma satisfatória. Isso pode ser alcançado, em parte, pela presidência de qualquer grupo de partes interessadas pelo presidente do Comitê Diretor do Projeto. Isso garante que as partes interessadas tenham o proprietário do projeto (ou SRO) para defender suas questões e preocupações no Comitê Diretor do Projeto.

Princípio 4: Garantir a separação da governança do projeto e das estruturas de governança organizacional

As estruturas de governança do projeto são estabelecidas precisamente porque se reconhece que as estruturas organizacionais não fornecem a estrutura necessária para entregar um projeto. Os projetos exigem flexibilidade e rapidez na tomada de decisões e os mecanismos hierárquicos associados aos organogramas não permitem isso. As estruturas de governança do projeto superam isso retirando os principais tomadores de decisão da estrutura da organização e colocando-os em um fórum, evitando assim o processo de tomada de decisão em série associado a hierarquias.
Consequentemente, a estrutura de governança do projeto estabelecida para um projeto deve permanecer separada da estrutura da organização. É reconhecido que a organização tem requisitos válidos em termos de relatórios e envolvimento das partes interessadas. No entanto, mecanismos de relatórios dedicados

estabelecidos pelo projeto podem abordar o primeiro e a própria estrutura de governança do projeto deve abordar o último. O que deve ser evitado é a situação em que as decisões do comitê gestor ou do conselho do projeto precisam ser ratificadas por uma ou mais pessoas da organização fora do fórum de tomada de decisão do projeto; inclua esses indivíduos como membros do órgão de tomada de decisão do projeto ou empodere totalmente o atual comitê gestor/diretor do projeto. O comitê gestor/diretor do projeto é responsável por aprovar, revisar o progresso, e entregar os resultados do projeto e seus benefícios pretendidos, portanto, devem ter capacidade para tomar decisões, o que pode comprometer recursos e financiamentos fora do plano original. Este é o princípio final da governança eficaz do projeto.

A adoção desse princípio minimizará a tomada de decisão em várias camadas e os atrasos e ineficiências associados a ela. Ele garantirá um órgão de tomada de decisão do projeto com poderes para tomar decisões em tempo hábil.

Governança Corporativa é o *core* das boas práticas de ESG nas empresas, entenda o motivo

O tema da responsabilidade corporativa relacionada à sustentabilidade ambiental e social dos negócios já está em voga há um tempo. O que muda na atual busca pela implantação de práticas de ESG é a pressão dos investidores. É neste contexto que se destaca o pilar da Governança Corporativa, de onde parte a consistência e a viabilidade de todos os projetos sustentáveis que uma empresa vier a empreender.

A Governança Corporativa organiza os princípios e processos da gestão de uma empresa, para assegurar que eles obedeçam às leis e normas, com foco no bom desempenho. É através dela que se conectam suas partes interessadas – colaboradores, fornecedores, acionistas e investidores.

Diante do cenário atual, de crise climática e de acirramento das discussões sobre direitos humanos, as empresas precisam implantar sistemas de governança orientados por uma visão de seu papel social. Está sendo cobrado delas que, além da lucratividade imediata, se mostrem comprometidas com ações capazes de assegurar sua relevância a longo prazo.

Qual o papel da Governança Corporativa?

A governança corporativa é como o fio condutor que perpassa todas as operações e relações em uma empresa para que ela cumpra seu planejamento estratégico, buscando minimizar impactos negativos e potencializar resultados positivos. Isso inclui aplicar a transparência nos processos, garantindo a objetividade e os fluxos de informação para todos os envolvidos, estabelecendo a confiança tanto entre o público interno, quanto o externo.

Uma atribuição relacionada à transparência é a prestação de contas. Isso tanto no aspecto financeiro, com relação à lisura das transações, precisão nos números de lucros e despesas, pagamento de impostos e encargos sociais, quanto nos resultados de suas iniciativas para melhoria de indicadores sociais e ambientais.

Cada vez mais atentos a riscos relacionados aos critérios de ESG, acionistas e investidores precisam contar com a boa estruturação da governança das empresas para o sucesso de seus negócios.

Como a Governança impacta o ESG

A governança é a base de todas as iniciativas, práticas e projetos de ESG. Inicialmente, porque é seu papel garantir que haja coesão entre qualquer realização da empresa e os objetivos do negócio. Por isso é importante que esteja alinhada com uma visão de desenvolvimento sustentável. Além disso, é a governança que

determina padrões e critérios por meio dos quais se estabelece a cultura organizacional.
Quando desenvolvida a partir de uma lógica do desenvolvimento sustentável, a governança deve prezar pela ética e transparência, buscando tomadas de decisão que levam em conta o bem-estar social e o meio ambiente. Casos de corrupção, vazamento de dados de clientes e colaboradores, acidentes e violação de licenças ambientais, situações de preconceito e discriminação são alguns dos riscos decorrentes da falta de comprometimento com a governança.
A valorização da integridade humana e dos ecossistemas é um dos pilares de uma governança capaz de apoiar a implantação do ESG como parte dos negócios. Este é um diferencial importante com relação a ações que não abordam de maneira adequada os impactos das atividades da empresa e que, portanto, podem ser ineficazes ou malvistas pela opinião pública.

Soluções de Governança para projetos de ESG

Investidores estão atentos aos diversos índices que permitem avaliar e acompanhar o desempenho das empresas com relação a seus compromissos socioambientais. Esses índices avaliam aspectos como gestão da sustentabilidade empresarial, gestão de riscos, ética nos negócios, cumprimento de critérios legais e regulatórios, diversidade e inclusão nos quadros de funcionários e da alta gestão, entre outros.
Estar em conformidade com todos esses aspectos não deve ser um desafio isolado. Na verdade, é uma jornada de ajuste e acompanhamento constante. Para isso, cada empresa precisa de ferramentas e soluções customizadas para otimizar a governança de seus negócios.

Governança da Inovação em Portfólios, Programas e Projetos

A importância da governança em Portfólios, Programas e Projetos (3P) é refletida em parte pelo desenvolvimento de padrões de governança (PMI, 2016), bem como pela crescente atenção dada à governança na literatura acadêmica/gerencial e na prática. Ao mesmo tempo, as organizações visam cada vez mais melhorar suas capacidades de inovação, permitindo-lhes sobreviver no ambiente dinâmico e competitivo de hoje. No entanto, há pouca orientação na literatura de pesquisa sobre se e como a governança 3P pode ser projetada para apoiar e promover a inovação. A crescente importância da entrega de projetos nas organizações, especialmente para inovação, destaca ainda mais a necessidade de uma melhor compreensão da relação entre governança, inovação e sucesso em 3P.

A governança é cada vez mais importante para o sucesso dos 3Ps de uma perspectiva organizacional, e vários estudos destacaram a necessidade de ser apropriado para o ambiente. Estudos em larga escala mostram que a supervisão eficaz da administração executiva promove e nutre a inovação. No entanto, alguns estudos também sugerem que isso também pode causar tensão negativa, pois a inovação requer abordagens flexíveis e adaptáveis. Para entender melhor a inovação aplicada aos 3P e como as abordagens de governança podem ser adaptadas para obter os melhores resultados, realizamos um estudo de caso múltiplo, exploratório e aprofundado. Este relatório descreve os antecedentes, nossa questão de pesquisa, nossa metodologia e nossas principais conclusões. Também identificamos os resultados desta pesquisa que são projetados para disseminar os resultados para o público acadêmico e profissional. Enfatizamos nossas implicações para a prática, fornecendo orientação à indústria para o desenvolvimento de abordagens de governança para melhor apoiar a inovação em 3P.

Fazendo da governança sua amiga

Não tenho certeza de que algum gerente de projeto dirá a você que ama as funções de governança organizacional. Seja a governança de processos aplicada pelo PMO ou um comitê de direção de projeto destinado a garantir que o projeto esteja entregando o que é necessário, sempre há uma sensação de que alguém está verificando o gerente de projeto e possivelmente questionando suas decisões.
Para novos gerentes de projeto, às vezes isso pode ser pior do que para aqueles com mais experiência. Seus projetos tendem a ser menos significativos para a organização e eles podem não ter uma direção formal de gerenciamento ou um comitê de supervisão. Isso pode significar que há menos governança formal, especialmente porque coisas como auditorias de processo estão se tornando menos comuns (um assunto para outro dia) e, em vez disso, há simples dúvidas de patrocinadores e clientes.
Se você é um novo Gerente de Projetos lutando para descobrir como ter sucesso e descobre que suas ações estão sendo questionadas, é fácil ficar desanimado. Mas você não deveria ser - a governança pode ser sua amiga!

Por que temos governança?

Vamos dar um passo para trás por um minuto e considerar porque a governança existe. Não é porque as pessoas não são confiáveis, mas porque ter mais de uma pessoa monitorando o desempenho torna mais provável que quaisquer problemas ou erros sejam detectados mais cedo. E quanto mais rápido encontrarmos um problema, mais fácil será corrigi-lo.
Vamos também reconhecer que a governança não é algo que só acontece em níveis relativamente baixos das organizações. Os executivos estão sujeitos a mais formas de governança do que praticamente qualquer outra função, e as próprias organizações

estão sujeitas a uma série de processos formais de governança regularmente.

Como gerentes de projeto, devemos, portanto, acolher as funções de governança. Eles podem ajudar a garantir que nossos projetos sejam bem-sucedidos, identificando problemas que podemos perder, adotando uma perspectiva diferente sobre as informações disponíveis e oferecendo ideias diferentes sobre como resolver desafios.

Mas a palavra-chave aqui é "pode". Eles podem fazer isso, só que às vezes a maneira como a governança é aplicada significa que isso não acontece. Em vez disso, a governança pode parecer que nos julga como indivíduos, questionando nossa capacidade de gerenciar projetos. Se isso acontecer, cabe aos gerentes de projeto lidar com isso.

Governança com gerenciamento de projetos, não para isso Os gerentes de projeto devem ver a governança como algo com o qual trabalham para melhorar os resultados. Se os Gerentes de Projetos sentirem que a governança está sendo feita para eles e não com eles, então algo precisa mudar. E espero que os gerentes de projeto reajam, se for esse o caso.

Há uma percepção em algumas organizações de que a governança é algo que não pode ser questionado, que as decisões simplesmente precisam ser aceitas. Mas não é uma auditoria independente e não é algo apoiado por estruturas legislativas ou regulatórias – é apenas uma forma de supervisão da administração.

Sei que questionar a gestão nem sempre é uma boa jogada de carreira, mas a única razão pela qual a governança deveria existir é tornar as coisas melhores; portanto, se ela não estiver focada nisso, os Gerente de Projetos precisam "empurrá-la" na direção certa.

Conversando com colegas, posso citar uma para ilustrar o ponto. Ele estava trabalhando como consultor em uma organização e havia um desacordo claro no comitê de direção sobre se ele era necessário. O presidente do comitê o havia contratado, enquanto os outros membros achavam que o pessoal da própria empresa era capaz de lidar com o projeto.

Uma reunião do comitê gestor ocorreu quando o presidente estava ausente e ficou claro desde o início que esta seria uma oportunidade para criticar todas as decisões, as ações tomadas e todas as interpretações feitas do status do projeto. Passou muito tempo ouvindo as críticas e, quando terminou, simplesmente agradeceu ao comitê pelo feedback e pediu orientação sobre onde achavam que deveria levar o projeto agora. Eles não tinham nada para oferecer.

Esse na verdade era um comitê diretivo em vez de um comitê de governança e, de certa forma, torna mais claro qual deveria ser a função. Trata-se de orientar o projeto na direção certa se ele sair dos trilhos. Olhar no espelho retrovisor e questionar cada curva e ajuste feito é uma coisa, mas isso não é direção.

Se a direção que o projeto estava tomando precisava mudar, então que seja discutido e entendido o porquê. O objetivo sempre deve ser melhorar o desempenho do projeto – exatamente como a governança deve ser.

A governança *pode* ser benéfica? A governança *deve* ser benéfica. E os gerentes de projeto devem adotar o conceito como uma forma de melhorar o desempenho do projeto. Mas se a governança acaba sendo simplesmente uma oportunidade para criticar o desempenho do gerente de projeto e a tomada de decisão do projeto, então os gerentes de projetos devem ser capaz de recuar e insistir que o foco permaneça em tornar o ambiente de entrega do projeto o melhor possível.

Governança de Projetos, Risco e Conformidade: Encontrando o Equilíbrio Certo

Há uma linha tênue entre ter uma governança de projeto excessivamente onerosa e não ter o suficiente. Muito, e a produtividade é prejudicada e a criatividade sufocada. Em vez disso, o foco muda para estar em conformidade com as listas de verificação e envios de formulários, em vez de manter a inércia e o ímpeto para alcançar os objetivos do projeto.

Pouca governança e os defeitos podem entrar no processo de gerenciamento de projetos e aumentar o risco de estouro de orçamento e de tempo do projeto, sem mencionar o aumento de falhas. Encontrar o nível ideal de governança, gerenciamento de riscos e cumprimento da conformidade faz parte do molho secreto que contribui para um PMO bem-sucedido.

Se você tem gerentes de projetos magistrais ao seu lado, eles quase sempre são autogovernados. Para esses profissionais, o risco de subgerenciá-los apresenta pouco risco de fracasso, mas pode resultar em sucessos impressionantes.

No entanto, se o seu esquadrão de gerenciamento de projetos for mediano - se eles não tiverem fortes habilidades de liderança e administração - então é melhor manter uma mão firme no leme da governança para que os projetos não comecem a correr mal.

O colegiado de gerentes de projetos concorda que a melhor estrutura de Governança, Risco e Conformidade (GRC) é aquela que inclui métricas de conformidade no curso normal do processo de gerenciamento de projetos, em vez de sobrepor um processo de geração de relatórios que os gerentes de gerenciamento odeiam e resistem. Uma maneira de fazer isso é automatizar certos aspectos do esforço de GRC.

Por exemplo, se a equipe do projeto postar o progresso em relação aos planos do projeto ou *sprint boards,* esses dados devem atualizar automaticamente seus quadros de horários, informações contábeis do projeto etc. e atualizar os dados contábeis do projeto em outro lugar.

Outra ideia é ter cada tarefa atribuída limitada em duração e esforço (um a três dias) - e cada atribuição produzindo um produto de trabalho verificável. Isso elimina a necessidade de as pessoas estimarem a porcentagem concluída de uma tarefa em andamento.

Em vez disso, a tarefa é concluída ou não - e como a duração é tão curta, é fácil capturar desvios dos planos na mesma semana em que ocorrem.

Outra maneira de reduzir a sobrecarga de GRC, mantendo alta a qualidade do processo do projeto, é recalibrar continuamente o plano para refletir o caminho à frente. Esse processo de recalibração permite que o PM se concentre nas próximas duas a quatro semanas de produtos de trabalho a serem produzidos, mantendo todo o esforço alinhado com as metas e objetivos finais do projeto. Contanto que o orçamento geral e a janela de entrega do projeto permaneçam verdadeiros, não há muita necessidade de impor uma supervisão pesada e intrusiva ao processo do projeto.

Em vez disso, o PMO pode se concentrar nos desvios dos planos e se concentrar mais nas exceções, evitando assim uma abordagem de tamanho único.

O sistema subjacente de gerenciamento/rastreamento de projetos deve ser capaz de produzir uma análise de desvio do plano para apoiar os mergulhos profundos do PMO nesses projetos, a fim de colocá-los de volta nos trilhos.

É importante lembrar que o papel do PMO é gerenciar e entregar consistentemente os ativos de projeto da organização da maneira mais oportuna e econômica possível. Perceber os benefícios dos projetos mais cedo ou mais tarde é a principal diretriz de um PMO. Tudo o que o PMO faz — toda regra, protocolo, diretriz de conformidade etc. — deve ser testado em relação a esse imperativo, e aqueles que falham no teste devem ser eliminados do processo de GRC. Resumindo, fornecer governança adequada por meio do PMO não precisa ser difícil. Ao criar uma estrutura que promova o sucesso, os esforços de supervisão podem ser indolores e favoráveis.

Agradecimentos

Agradeço a Deus pelas oportunidades que me apresentou durante minha vida e que pavimentaram meu caminho profissional e pessoal até aqui.

À minha família, minha esposa Angelica e meu querido filho Benjamin, por todo amor e paciência em dividir o espaço, a rotina e os desafios do home-office comigo!

Referências

The GPM P5 Standard for Sustainability in Project Management Portuguese (BR) Version 2.0

2022 Insights into Sustainable Project Management

2015SDG_Compass_2issues_doc_Financial_markets_who_cares_who_wins

Applying the P5 Standard for Sustainability: Enriching Project Leadership - EJ van Rooyen - University of Limpopo, South Africa

https://www.projectmanagement.com/articles/829344/change-is-simple--why-do-we-keep-making-it-hard-

https://kbondale.wordpress.com/2014/09/07/leverage-diversity-when-boldly-going-where-no-one-has-gone-before/

https://www.pmi.org/learning/publications/pm-network/digital-exclusives/six-ways-to-build-sustainability-into-projects

https://www.pmi.org/learning/library/project-management-global-sustainability-6393

https://www.projectmanagement.com/articles/721632/making-governance-your-friend

https://www.projectmanagement.com/articles/723226/project-governance--risk---compliance--finding-the-right-balance

https://en.wikipedia.org/wiki/Project_governance
https://ambipar.com/latam/pt/noticias/esg-o-que-e-governanca/

www.ingramcontent.com/pod-product-compliance
Ingram Content Group UK Ltd.
Pitfield, Milton Keynes, MK11 3LW, UK
UKHW021939190726
13853UKWH00004B/1540